网络与信息安全完全图解

【日】增井敏克【著】
陈欢【译】

中国水利水电出版社
www.waterpub.com.cn
·北京·

内 容 提 要

俗话说“安全无小事”，放在互联网中，这句话也是适用的。《完全图解网络与信息安全》就以“文字+插图”的形式，从未经授权的访问、病毒、针对性攻击等攻击手段，到漏洞、加密技术、组织架构等应对措施，对与网络安全相关的方方面面（概念、技术、操作方法等）进行了详细讲解。书中每个主题都采用对页的形式，一页用通俗易懂的文字讲解，一页用直观清晰的插图辅助讲解，读者可从前到后按顺序学习，获得系统的安全知识，也可选择感兴趣的主题或关键字快速补充相关知识，特别适合网络管理员、安全系统开发人员、安全相关资格考试人员参考学习，也可作为案头手册，随时翻阅速查。

图书在版编目（CIP）数据

完全图解网络与信息安全 / (日) 增井敏克著 ; 陈欢译. -- 北京 : 中国水利水电出版社, 2023.1
(2024.8重印) .
ISBN 978-7-5226-0929-4

Ⅰ. ①完… Ⅱ. ①增… ②陈… Ⅲ. ①网络安全－信息安全－图解 Ⅳ. ①TP393.08-64

中国版本图书馆CIP数据核字(2022)第157337号

北京市版权局著作权合同登记号　图字:01-2021-7043

図解まるわかり セキュリティのしくみ
(Zukai Maruwakari Security no Shikumi:5720-7)

书　名	完全图解网络与信息安全 WANQUAN TUJIE WANGLUO YU XINXI ANQUAN
作　者	［日］增井敏克　著
译　者	陈欢　译
出版发行	中国水利水电出版社 （北京市海淀区玉渊潭南路 1 号 D 座 100038） 网址：www.waterpub.com.cn E-mail：zhiboshangshu@163.com 电话：（010）62572966-2205/2266/2201（营销中心）
经　售	北京科水图书销售有限公司 电话：（010）68545874、63202643 全国各地新华书店和相关出版物销售网点
排　版	北京智博尚书文化传媒有限公司
印　刷	北京富博印刷有限公司
规　格	148mm×210mm　32 开本　6.875 印张　223 千字
版　次	2023 年 1 月第 1 版　2024 年 8 月 第 3 次印刷
印　数	7001—9000册
定　价	79.80 元

前　言

大家平时在使用计算机时，对安全性有怎样的认识呢？可能很多人会认为，只要设置了复杂的密码，并且安装了杀毒软件，就可以高枕无忧了。

当然，实际上遭受攻击的只有少数人而已。因此，很多人会认为自己“没有中过计算机病毒”“因为害怕个人信息泄露，所以没有在社交网络注册过账号”“因为是匿名账号所以没问题”，而心怀侥幸地认为“自己不会‘摊上事’”。

但是，只要看看新闻就会知道，个人信息的丢失、被盗和泄露事件几乎每天都在发生。而实际上可能还有很多事件并没有被新闻报道出来。说到底，就是你可能都没有意识到自己的信息已经被泄露了，或者自己的计算机已经感染了病毒。

所以，安全就是为了避免我们说出“我不知道”“我没有注意到”这类借口而存在的。因为，如果企业要管理客户信息，但是没有制定安全策略，没有采取任何措施，就会成为重大安全隐患。

如果没有遭受过网络攻击，可能很难切身体会到安全的重要性，但是如果等到遭受网络攻击，就为时已晚、后悔莫及了（很多损失可能是无法挽回的）。因此，我们在举办安全研讨会时，总能听到参会者提出以下担忧。

- 在安全方面要做的事情太多了，不知道从何处下手。
- 只要愿意花钱，方法有很多，可是不知道要防范到什么程度才好。
- 虽然采取了很多措施，但是看不到什么效果。

实际上，许多经营者认为安全就意味着成本的增加。此外，被委任负责安全工作的人员可能是双重职责（除本职工作外，还兼职负责安全工作），这样身兼数职，可能也只是将安全当作一份附加的、麻烦的工作来处理。

上述这些情形都有一个共同点，那就是存在“如果可以，就不想做”的思想。因为，当我们着手考虑安全性时，就必须采取多方面的措施，具备多方面的知识。

要理解每项措施的必要性和效果，仅仅学习安全知识是远远不够的。有时需要具备与网络、编程和数据库相关的知识，而有时又需要具备一定的法律知识和必要的数学思维。

而且，即使已经很努力地学习，但由于新型攻击手段层出不穷，因此还需要经常收集最新的信息。如果不及时收集最新的信息，一旦推后就可能会造成损害。

实现安全之所以这么困难，是因为没有唯一正确的答案。而且根据企业规模和业务内容不同，需要采取的措施也不同，那么要求的标准也会变得不一样。即使我们针对其他公司遭受的攻击迅速采取了相应的措施，也可能对自己公司的安全状况没有任何影响。

另外，即使我们采取了完善的措施，只要有一名员工的安全意识较差，就可能会成为被攻击的目标。因此，只采取具体的安全措施是不够的。如果不理解为什么入侵者会对我们发起攻击，为什么那样的攻击会成功，就无法判断应当保护的对象是什么，以及应当保护公司免受怎样的侵害。

因此，哪怕是从一件小事着手，从平时注意到的事情开始一点一点地进行改善，这种积累也是非常重要的。在本书中，笔者将每一个主题分为两页，并使用插图的方式进行了逐步讲解。读者可以从头开始阅读，也可以从自己感兴趣的标题和关键字开始进行选读。

当然，只采取书中提到的措施是远远不够的。因为本书中涵盖的也只是与安全技术相关的一小部分内容而已。尽管如此，如果读者能够以本书为契机，在实际工作中采取相应的措施，并且能够通过本书让更多的企业和个人提高安全意识，那将是笔者莫大的荣幸。

增井敏克

说明：读者可扫描下面的“人人都是程序猿”二维码，关注公众号后查看新书信息；扫描下面的“鹅圈子”二维码，获取本书的勘误等信息。

人人都是程序猿

鹅圈子

目 录

第2章 针对网络的攻击——不速之客 29

第3章 计算机病毒与间谍软件——从计算机感染病毒到大规模发作 61

第4章 系统漏洞的防范——专门针对系统软件漏洞的攻击 83

特别说明：

本书为引进版图书，原书是基于日本国内的实际情况进行编写的。在翻译为简体中文时，我们基本以尊重原书内容为主，个别情况进行了修改（如图2-8就换为了中国读者更熟悉的中国国内的微博账号，其他不再说明），请读者学习时专注于知识点的理解和消化，灵活运用知识点，确保个人和企业的信息安全。

第1章

信息安全的基本概念——先归类再理解

» 攻击者的目的

攻击目的从“取乐”变为“偷抢钱财”

我们在保障信息安全时，如果没有明确界定**需要防范的对象和需要保护的对象**，就无法充分发挥防御措施的效果。因此，接下来将对攻击者的目标和目的进行思考。

比如发生在我们身边的受到攻击的例子，大家马上可以想到的就是计算机病毒。如果计算机因感染了病毒而导致无法正常使用，就会给使用者带来困扰。但是由于攻击者不仅有给使用者带来困扰的目的，还带有炫耀自身技术的目的，他们通常会针对多个随机的对象进行攻击。

例如，篡改特定Web网站的内容等这类攻击，就经常会被新闻报道而被大众所知晓。像这类以享受篡改网站所带来的骚乱为目的，为了彰显自我，发布政治相关的信息而进行的黑客入侵（Cracking）被称为**黑客主义**。

进入21世纪后，攻击者的目的逐渐地转变成了“钱财”。类似窃取**特定企业或组织所持有的个人信息**，并出售这些信息的行为，已经使“个人信息可以变成金钱”这一概念变得众所周知。

此外，攻击者还会在受害者意识不到的情况下，尽可能地在暗中进行攻击。也就是说，使计算机感染病毒和篡改数据这类行为本身并不是“目的”，而只是用于**盗窃信息并将之转换为钱财的一种“手段”**而已（**图1-1**）。

网络恐怖主义的威胁

通过互联网所开展的大规模的恐怖行为被称为**网络恐怖主义**。为了使电力、煤气、供水等日常生活中所必需的社会基础设施瘫痪，从而攻击发电站，或者攻击铁路和飞机等交通基础设施的行为，会给社会带来极大的危害。

因此，在体育场馆等人群大量聚集的场所中，通常会高度提防这类网络恐怖主义，政府机关也会带头采取多种防范措施（**图1-2**）。

图1-1 攻击目的的变化

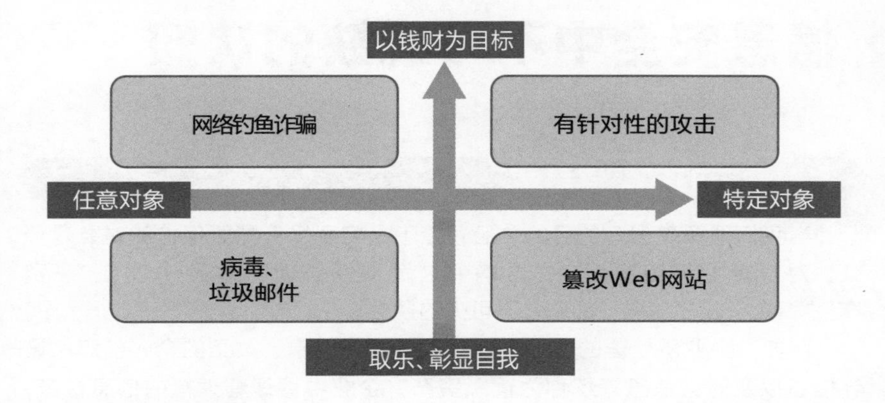

图1-2 关键基础设施的安全体系

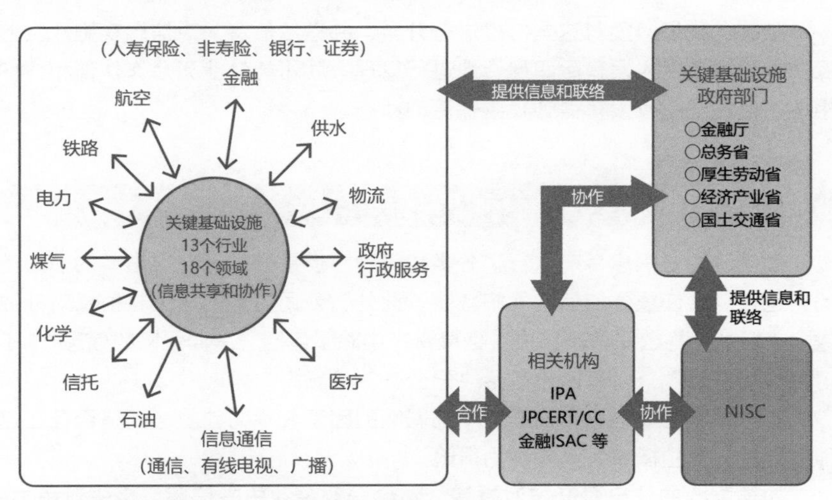

来源：日本内阁网络安全中心（NISC）《关于2017 年度跨领域演习》。

知识点

- 我们需要了解攻击者的目的，确定需要保护的对象，并采取相应的防范措施。
- 人们需要具备公司和我们自身都属于攻击目标这一危机意识。
- 需要理解网络恐怖主义的危害极大。

》信息安全中不可或缺的认知

需要保护的是“信息资产”

当我们理解攻击者的目的之后，接下来将要思考需要保护的对象是什么。对于企业等组织而言，要确保公司持续长远的运营，“员工”“资产”“资金”和“信息”都是必不可少的条件。

例如，企业所处理的信息中所包含的客户信息、员工的个人信息、设计信息以及财务信息等统称为**信息资产**。企业中管理着大量的信息资产，除了计算机所处理的信息外，还包括书面文件和员工记忆中所保存的信息（**图1-3**）。

因此，我们必须对这些信息进行分类，并指派负责人对信息实施严密的保护。如果负责人没有尽职尽责地进行管理，就可能使业务合作伙伴和客户相关的信息暴露于没有得到妥善保管的状态。

威胁与风险的区别

即使我们对信息资产进行了分类和管理，但是如果遭到攻击者的非法访问，也可能会使重要的信息面临威胁。此外，公司内部的员工将信息对外泄露，也可能会为公司带来损失（信息资产中除了包括“需要保密的信息”“不可丢失的信息”外，有时也包括“已公开的信息”）。

类似这样会对信息资产产生不利影响的因素被称为**威胁**，而是否存在这种可能性（发生概率）则被称为**风险**。

如果重要的信息资产被泄露等，则会导致企业失去信用、丧失竞争力，或者需要承担赔偿责任等情况，这将为企业带来沉重的负担。

因此，我们需要对那些必须要保护的信息资产和可能发生的威胁进行整理分类，对发生威胁的概率和发生威胁时的危害程度进行评估，并对风险进行分析（**图1-4**）。由于行业和业务范围的不同，面临的风险也存在巨大差异，因此我们需要根据具体情况，采取不同的分析方法。

图1-3 信息资产的分类

软件资产
（操作系统、各类软件等）

人才资产
（人才、资格认证、经验等）

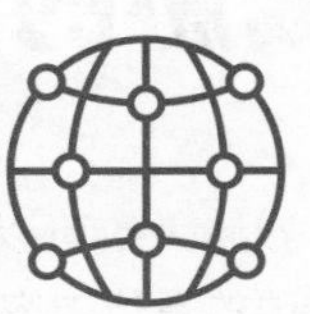

服务
（通信服务、Web服务等）

有形资产
（计算机、服务器等）

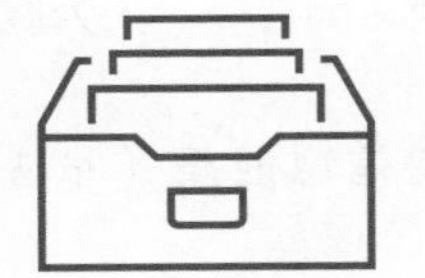

信息资产
（文件、数据库、合同等）

无形资产
（企业信誉、形象等）

图1-4 信息的重要程度因信息资产的内容而不同

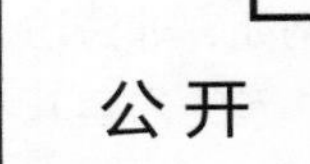

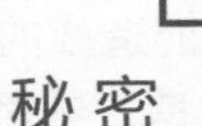

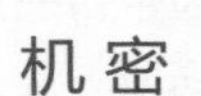

公开	对外保密	秘密	机密
例 新闻发布会、官方网站	例 公司内部公告板、操作步骤	例 销售数据、客户信息	例 设计信息、新产品信息

根据业务内容、威胁发生的概率、风险的大小等不同，分类和对策也不同

知识点

- 我们需要对信息资产进行分类，并任命负责人尽责妥善地保管。
- 我们需要根据信息的重要程度和威胁的发生概率，以及风险的大小采取合适的预防措施。

» 威胁的分类

威胁大致可以分为三大类。下面我们将一边参考图1-5和图1-6，一边对威胁的具体内容进行讲解。

人类造成的“人为威胁”

因人引起的威胁被称为**人为威胁**。人为威胁又可以分为**故意威胁**和**意外威胁**。

故意威胁是指将机密信息泄露（非法泄露）、窥探信息和社会工程[※1]等。

意外威胁是指错误地发送了电子邮件，或者丢失了USB存储器等情形。员工的安全意识较低，以及公司没有制定相关制度等情形都可能成为产生此类威胁的原因。

来自网络攻击的“技术性威胁”

因带有恶意的攻击而造成的威胁被称为**技术性威胁**。例如，非法访问、网络窃听、篡改通信数据、针对**漏洞**的安全威胁（参考4-1节的内容）。此外，计算机病毒和恶意软件也属于技术性威胁。

信息资产被破坏的“物理性威胁”

因破坏信息资产而造成的威胁被称为**物理性威胁**。地震、火灾、洪水、流行性疾病等灾难被称为**环境性威胁**。除此之外，还包括计算机的损坏和失窃等情形。

※1　社会工程：是指冒充清洁工窃取文件，或者在输入密码时偷看密码等，不是使用计算机或网络，而是通过物理手段获取入侵所需的账号和密码的行为。

图1-5　80%的信息泄露原因都是人为威胁

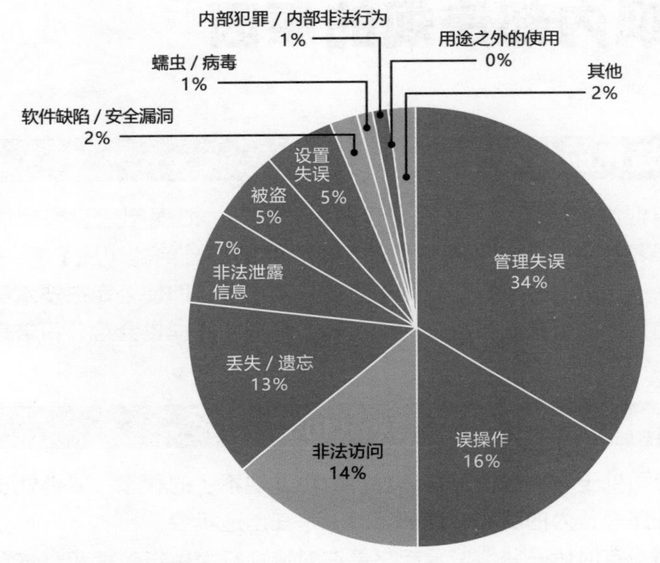

来源：日本网络安全协会（JNSA）、长崎县立大学《2016 年信息安全事件调查报告：个人信息泄露篇》。

图1-6　安全管理措施的分类

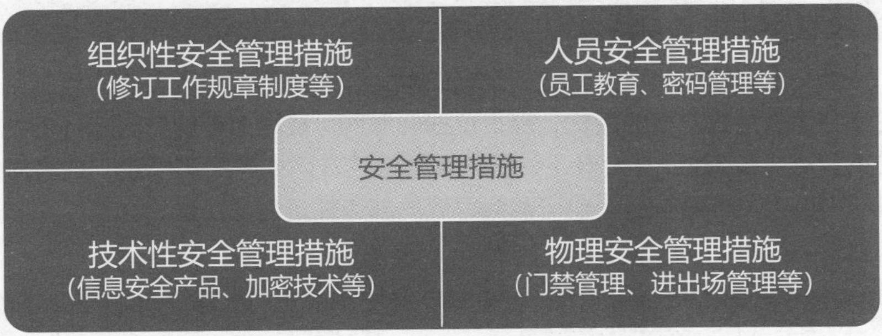

安全管理措施

组织性安全管理措施
（修订工作规章制度等）

人员安全管理措施
（员工教育、密码管理等）

技术性安全管理措施
（信息安全产品、加密技术等）

物理安全管理措施
（门禁管理、进出场管理等）

知识点

- 人为错误和灾难的威胁永远不会消失。
- 我们需要对威胁进行分类，并采取相应的措施。

» 出现内部违规的原因

员工违规的危险性

信息泄露的原因之一就是员工的**内部违规**，即便制定了整套法律和法规，如果不改变员工的意识，内部违规也是难以杜绝的（**图1-7～图1-9**）。针对机密信息的泄露、财务数据的篡改这类情形，即使公司在技术层面采取了相应的措施，但是如果存在内部违规的情况，同样也会给公司带来损失。

出现内部违规的原因一——机会

当公司处于一种即使存在违规行为也发现不了的状态，或者处于一种很容易存在违规行为的状态，这都可以说是在创造**机会**。

例如，有时候一些情况看起来是在对违规行为进行管理和审查，而实际只是流于形式，并未进行实质性工作。那么在这种情况下，就会给某些人可乘之机。

出现内部违规的原因二——动机/压力

当员工背有大笔贷款，或者爱好赌博，存在花钱大手大脚等问题时，他们就会面临金钱方面的困扰，那么这些问题就可能成为他们做出违规行为的**动机**。对“工资低”“人事评估低”这类待遇方面抱有不满情绪，或者对组织和内部人员怀恨在心，也可能会导致内部违规行为的发生。

出现内部违规的原因三——正当化

例如，员工抱有即使我违规了也会被原谅的想法，理所当然地认为自己可以违规，或者认为“大家都是这么做的呀，这又不是什么大不了的事情，不会有什么问题的”，这类将自己的违规行为合理化的思维方式就是**正当化**。

图1-7 出现内部违规的原因

①知道数据的存放位置

②拥有访问数据的权限

③了解数据的价值

图1-8 违规的三角形（基于Donald Ray Cressey）

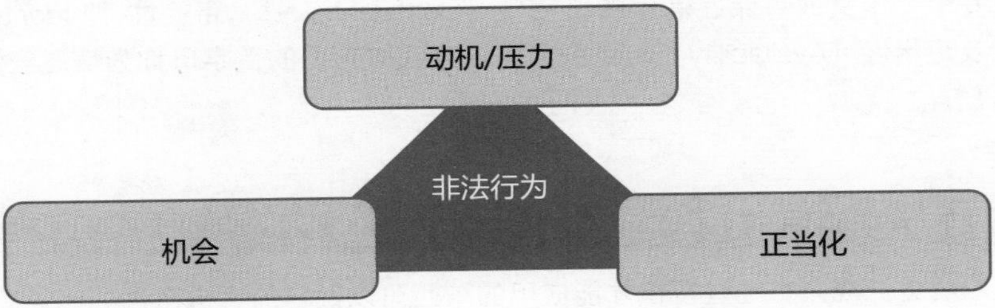

动机/压力

非法行为

机会

正当化

图1-9 减少内部违规的措施（情境犯罪预防理论的应用）

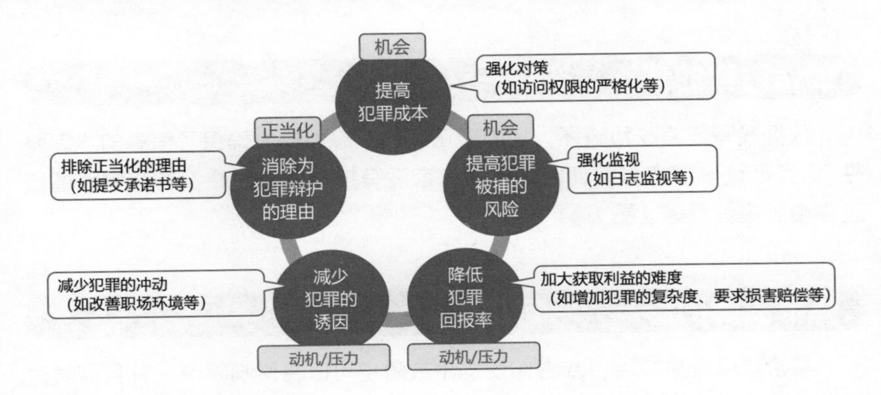

知识点

- 如果具备了机会、动机/压力、正当化的条件，那么每一个人都有可能会存在内部违规的情况。
- 虽然从技术上针对动机、正当化来防范内部违规是极为困难的事情，但是我们可以想办法减少这种违规的机会。

» 信息安全的三要素

信息安全的CIA（三要素）

在信息安全管理体系（ISMS）国际标准日本版的JIS Q 27000中，将“信息安全”定义成“保证信息的**机密性**（Confidentiality）、**完整性**（Integrity）以及**可用性**（Availability）”。我们也可以分别取它们的首字母称为**信息安全的CIA**。

只能使用允许使用的东西——机密性

被设计成只有经过授权才能使用的东西可以说它的“机密性”比较高。这里所指的允许使用的“东西”不仅仅指代人。像计算机这类设备，也需要合理地分配**允许访问的权限（图1-10）**。

确保内容的正确状态——完整性

数据没有被篡改和破坏，且内容正确的状态被称为确保了信息的“完整性”。实现这一状态需要证明文件的内容没有被非法篡改，没有在网络通信过程中丢失信息等**（图1-11）**。

降低故障的影响——可用性

具备难以发生故障，或者即使发生故障也可以将影响降低，并且恢复时间短的特征，才可以说系统的“可用性”较高。因为即使保证了信息的机密性和完整性，而系统自身无法使用，就没有什么意义了。因为受到网络攻击会导致**系统停止运行，可用性受损**，所以为了避免这种情况的发生，我们需要使系统处于一种任何时候都可以使用的状态**（图1-12）**。

图1-10 确保机密性的示例

图1-11 完整性受损的示例

图1-12 可用性低的示例

通信线路上的系统或网络出现故障
导致无法访问互联网

知识点

- 如果无法保证信息安全的三要素，就说明信息安全措施不够完备，处于一种存在风险的状态。
- 通过基于信息安全的三要素检查，就可以实施万无一失的防御对策。

» 三要素以外的特性

安全的追加要素

在JIS Q 27000标准中对信息安全的定义，除了上述三要素外，有时还会标明需要保证“**真实性、责任可追溯性、不可抵赖性、可靠性**”等特性。

正确记录确保可检查

如果被创建的资料是由第三者冒充本人创建的，而我们无法判断这个信息是否正确，那么为了确认资料是由本人创建的，就需要为创建者授予权限，像这样明确资料由谁创建的做法被称为“确保真实性”（**图1-13**）。

当有人擅自修改资料时，我们需要保留相关证据，以确定是谁对哪些内容进行了什么样的修改。这一做法被称为“责任可追溯性”，需要将这些数据作为网络和数据库的访问日志进行保存。

此外，如果系统无法正确运行，就不能得到想要的结果，如应该获取的日志无法获取、通信应该被监控且可疑的通信应该被阻断却被入侵等情形。当系统具备了难以发生这类故障且满足需求的机制时，就可以说系统具有“较高的可靠性”。

表明是本人的行为——不可抵赖性

当数据被更改后，在向更改数据的当事人确认时，我们可能会得到否定的答案。也就是说，防止对方说“我没有改”的措施被称为“不可抵赖性”。我们可以采用在创建资料时添加数字签名[※1]的方式，将数字签名作为证据，来避免对方否认事实（**图1-14**）。

※1 与数字签名相关的内容请参考5-6节。

图1-13 真实性的示意图

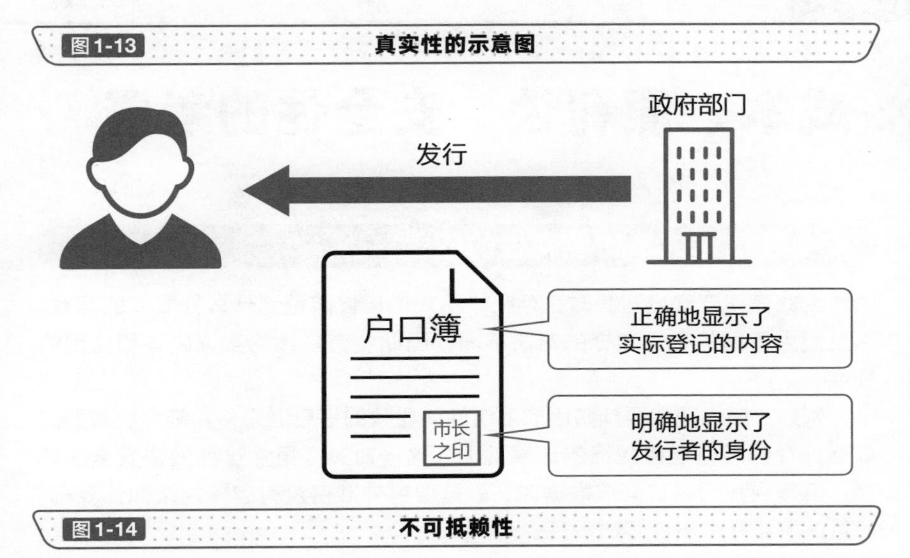

图1-14 不可抵赖性

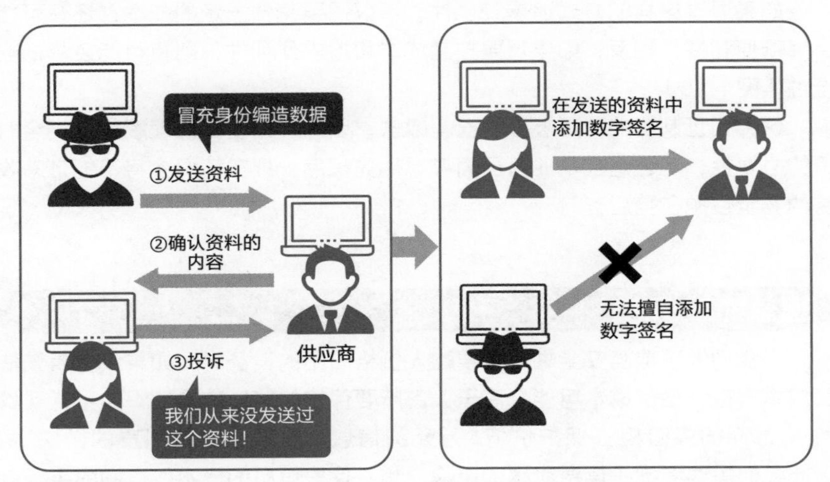

知识点

- ✐信息安全的定义除了机密性、完整性、可用性之外，同时还包括真实性、责任可追溯性、不可抵赖性、可靠性。
- ✐要确保资料的真实性，可以使用数字签名和时间戳来确保其内容正确以及创建者的身份。
- ✐使用数字签名来保证不可抵赖性，可以防止他人冒充身份。

» 成本、便利性、安全性的考量

安全性是对成本和便利性的取舍

企业在实施安全对策时，存在“不知道应该防范到什么程度”的问题。这是因为不同的公司实施的对策不同，因此没有具体的实施内容和费用的标准。

例如，假设我们要预防因非法访问而导致的信息泄露，实施“将重要的数据保存到没有连接网络的计算机上”这一对策。虽然这种做法安全性较高，但是当我们要访问该数据时，就需要另外准备没有连接网络的计算机，而且还需要操作多台终端设备。

如果通过这样的方式追求安全性，不仅需要花费一定的成本，还有可能会降低便利性。相反，如果想要控制成本和追求便利性，则有可能会降低安全性（**图1-15**）。

这种相互制衡的情形被称为**权衡取舍**。因此，即使我们理解采取安全对策的必要性，但还是会从业务层面考虑优先顺序，现实情况会将不能带来收益的安全性抛在脑后。

理想的平衡感

当我们为了提高安全性而需要购入价格高昂的设备时，如果没有事先估算成本效益，设备成本可能会高于设备所要保护的信息的价值。如果购买价值10万元的保险柜去保护价值1万元的信息，这就是本末倒置的做法了。因此我们需要考虑“**信息泄露的风险**”和“**保护信息的成本**”之间的平衡。

然而，一旦出现了安全方面的问题，在系统的修正和恢复，以及损害赔偿、投诉处理、挽回企业形象等方面都会产生巨大的成本。因此，我们需要在考虑这些可能会面临的风险的前提下，来讨论安全方面的平衡（**图1-16**）。

图1-15 不同负责人的角度

图1-16 调整成本与便利性之间的平衡

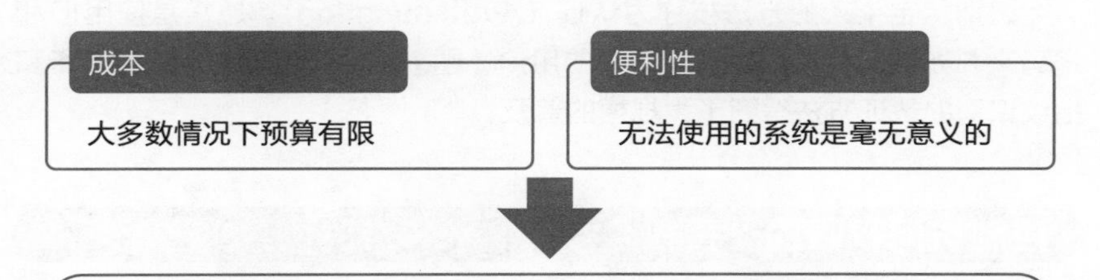

对风险进行分析和评估，结合信息资产和公司业务实施相应的对策

知识点

✐提高和追求安全性，就要牺牲成本和便利性。如果优先成本和便利性，就会降低安全性。

✐不同的公司需要保护的信息资产不同，因此需要进行分析和风险评估，实施多方面平衡的对策。

》权限只交给合适的人

谁可以访问

即使都是同一家公司的员工，让任何人都可以随意访问任意的文件、数据库和网络也并非明智的做法。因此，我们需要为特定的人员授予允许访问的权限。这一权限被称为**访问权限**，通常会为每个员工或部门设置权限。

识别特定个人的"认证"

识别特定个人的方法被称为**认证**（**Authentication**）。通常是使用ID和密码来判断访问者是否为允许访问的用户（**图1-17**）。近几年，使用ID卡和指纹识别的认证方法得到了大规模的普及。

控制访问权限的"授权"

对认证用户的访问权限进行控制，并为不同用户提供相应权限的做法被称为**授权**（**Authorization**）。我们不仅可以授予用户修改资料的权限，还可以授予用户仅允许查阅的权限。如果没有授予合理的权限，就会存在随意访问重要信息的情况，从而增加信息泄露的风险。

只授予最低限度的必要权限"最小权限原则"

只为用户授予最小权限的原则被称为**最小权限原则**。例如，同一个人，平时以普通用户的权限工作，只有在需要管理者的权限时才临时赋予管理者权限。这样一来，就可以将发生非法访问和信息泄露时的损失控制在最小范围（**图1-18**）。

图1-17 认证与认可的区别

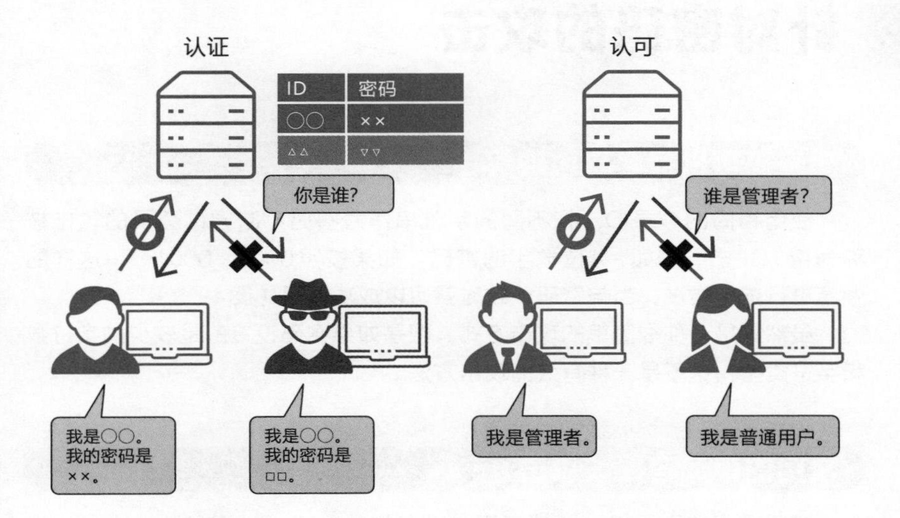

图1-18 特权、管理员权限和该项管理

关闭和修改系统等非常强大的权限被称为“特权”或“管理员权限”，如果遭到滥用可能会引发重大安全问题

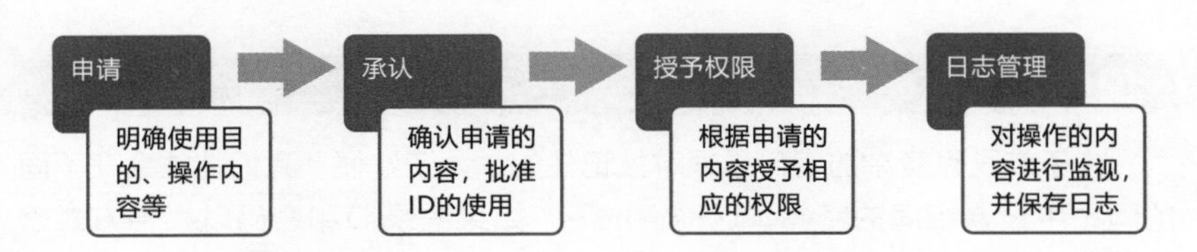

知识点

- 认证是识别“对方是谁”，而授权是提供与该对象相匹配的权限。
- 为了防止非法访问和信息泄露，平时应当只授予最小访问权限开展业务，对于特殊权限则只在必须要使用的时候通过申请进行授予。

针对密码的攻击

短密码可以很容易地破解

使用相同的登录ID，将不同的字符串作为密码不断尝试登录的攻击被称为**蛮力攻击**。例如，4位数字的密码，如果按照0000、0001……这样的顺序进行依次尝试，当与密码一致时就可以成功登录（**图1-19**）。

虽然这是一种很简单的攻击方式，但是如果密码设置的是较少的字符数和字符类型，这就是一种有效的攻击方法。

常用的单词容易被攻击

使用相同的登录ID，并使用事先准备好的密码尝试登录的攻击被称为**字典攻击**，关键是通过事先准备常用的密码来有效地发起攻击。

例如，经常作为密码使用的1234、qwerty、password这类单词。此外，普通字典中的单词也会经常被使用到密码中，如果使用了这些单词就可能很容易被破解。

使用重复密码很危险

由于较长且复杂的密码是很难被记住的，为了方便，我们往往会在不同的网站中设置相同的密码。这种情况下，如果登录ID和密码以某种方式落入攻击者的手中，他们就会使用这一密码在多个网站进行非法登录，这种攻击方式被称为**密码列表攻击**。

而针对其他攻击，虽然实施“同一个登录ID连续登录失败时会锁住账号”的对策是有效的，但是像这样的密码列表攻击也存在一次就可以登录成功的情况，因此无法分辨其是否为正常登录（**图1-20**）。

图1-19 蛮力攻击

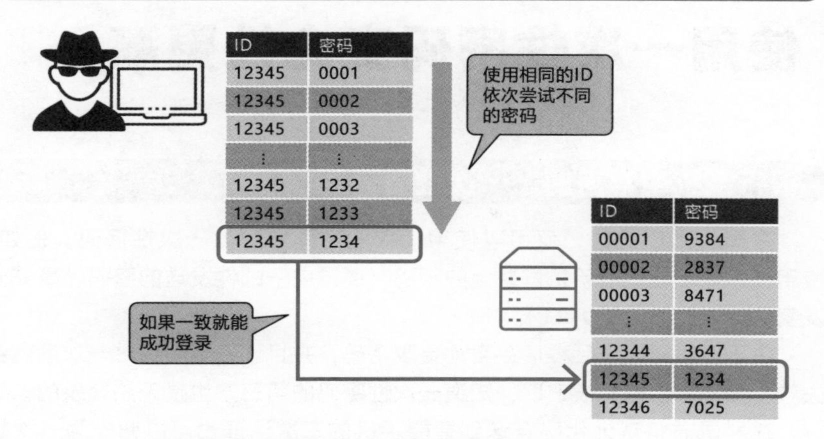

图1-20 密码列表攻击

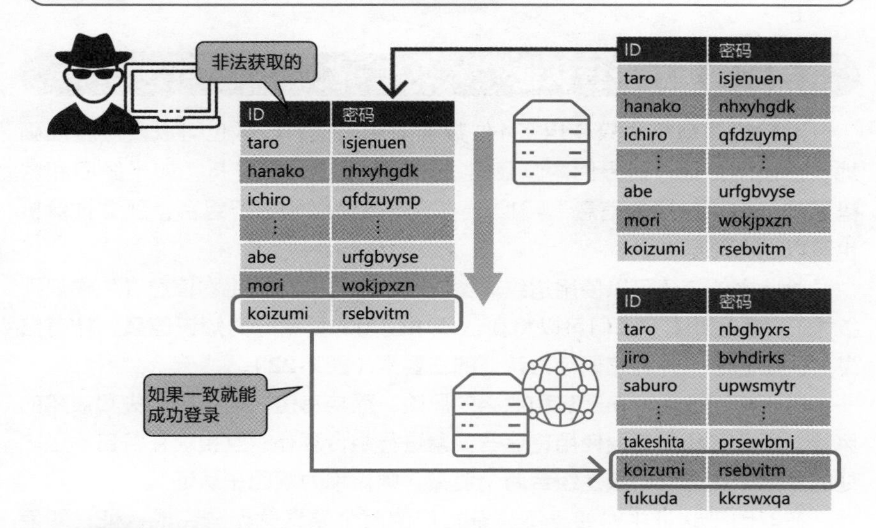

知识点

- 作为针对蛮力攻击和字典攻击的对策，可以使用同一ID登录失败一定次数后就会冻结账户的做法。
- 如果是密码列表攻击，由于尝试一次就可以登录成功的情况较多，因此难以与正常登录行为进行区分。

» 使用一次性密码安全性更高

银行系统中常用的“一次性密码”

登录Web网站时，仅可以使用一次的密码被称为**一次性密码**。例如，应用程序显示在智能手机屏幕上的密码、通过电子邮件发送的密码、事先分发密码生成器等（**图1-21**）。

由于一段时间过后程序会自动更改密码，并且该密码使用过一次后就会失效，因此即使密码被窃取，知道一次性密码的第三方也是无法登录的。

在登录时将认证代码发送到智能手机的**二次认证**也可以归类为一次性密码。

组合多种信息进行认证

银行的ATM机中只使用了4位数字的密码，为什么也可以安全且准确地识别出用户呢？这是因为，我们“持有”现金卡和存折。如果像ID和密码那样，将“掌握的信息”和ID卡“持有的信息”进行组合，那么计算机也可以提高安全性。

除此之外，还可以使用指纹这类只有本人才拥有的生物信息（生物识别技术）。综上所述，我们可以将在认证中使用的要素分为**知识信息**、**持有信息**、**生物信息**，并将它们称为**认证的三要素**（**图1-22**）。

由于知识信息存在遗忘和泄露的风险，而持有信息则存在丢失和被盗的风险。因此，我们需要使用将这些要素进行组合互补、互相填补各自不足之处的**多因子认证**（如果是组合两个要素，则被称为**双因子认证**）。

在双因子认证中，如果不具备相应的两个要素就无法完成认证，即使ID和密码泄露，只要不具备另外一个要素，攻击者就无法成功登录。

图1-21 一次性密码

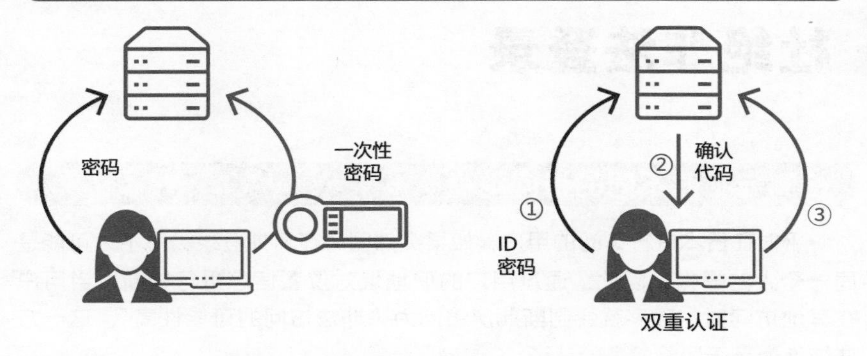

图1-22 认证的三要素

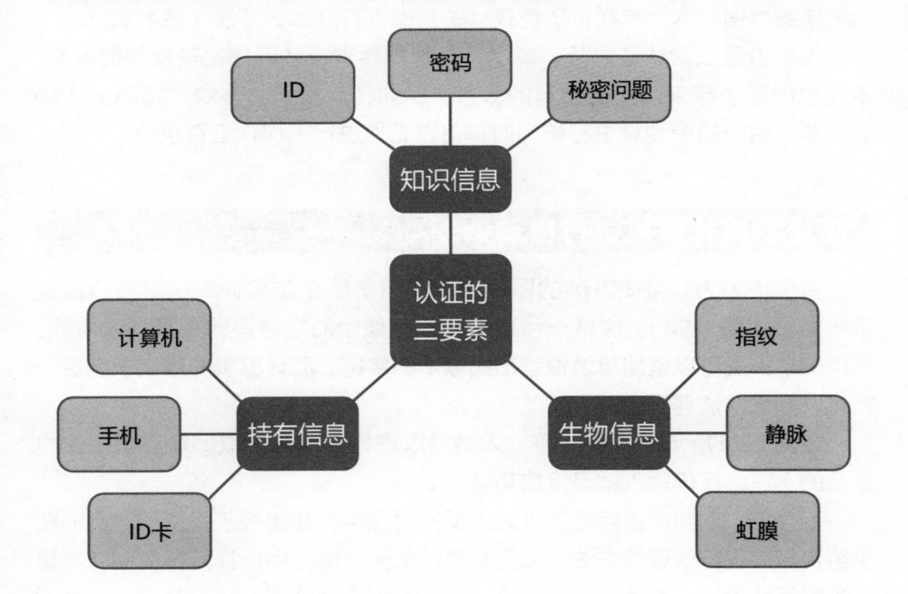

知识点

- 使用一次性密码或双因子认证，即使第三者知道密码也能够避免非法登录。
- 社交软件也增设了二次认证服务，这样的设置对提高安全性极为重要。

» 杜绝非法登录

检测与平时不同的访问地点

平时在日本进行访问的用户，如果突然同时在海外登录，就不太可能是同一个人的操作。因此，通过用户的IP地址对位置信息进行判断，当用户在异地访问时，程序就会判断此次访问为“非法访问的可能性高”，这一方法被称为**基于风险的身份认证**。

当确定该次访问具有较高风险时，可以通过要求出示附加密码，或者通过电子邮件通知本人存在可疑登录，防止他人冒充本人登录（**图1-23**）。

虽然设置二次认证之后，每次登录都需要进行认证是比较麻烦的事情，不过也出现了越来越多的便利的服务。例如，从常用的终端、相同的Web浏览器、相同的IP地址进行访问时，可以无须进行多次认证登录。

防止利用计算机执行自动处理

有一种名为**CAPTCHA**的图像，专门用于防止滥用计算机进行自动登录和发帖（**图1-24**）。这是一种通过读取图像中的字符再输入数据的方式，利用的是**人类可以很简单地识别出图像中的字符，而计算机却难以识别**这一特点来杜绝非法登录。

如**图1-24**所示的变形字符，人类可以进行推测并读取，辨别出图像中显示的字符，正确输入就可以成功登录。

近几年，在判断访问者是否为人类的过程中，还出现了将拼图之类的图像组合起来进行认证的方法，以及从显示的多张图片中选择汽车或商店等某一类型图片的认证方法。

图1-23 基于风险的身份认证发送电子邮件的示例

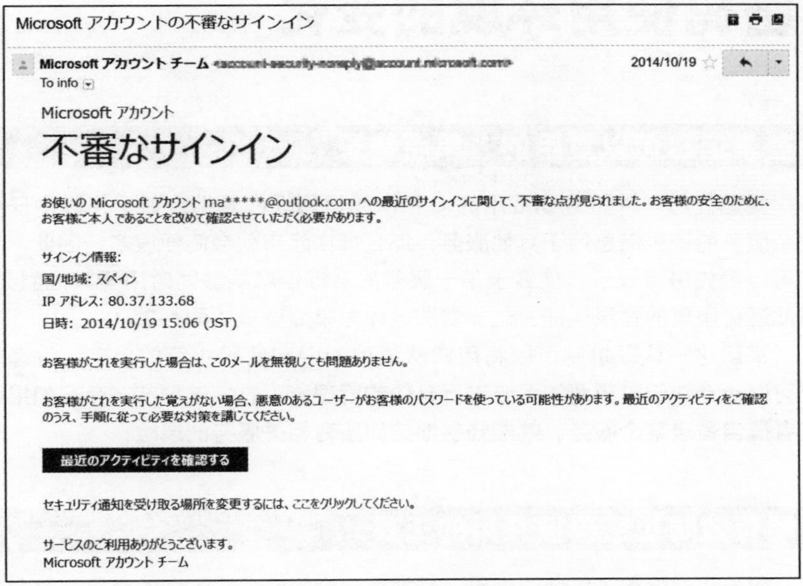

Microsoft アカウントの不審なサインイン

Microsoft アカウント チーム <account-security-noreply@account.microsoft.com> 2014/10/19
To info

Microsoft アカウント

不審なサインイン

お使いの Microsoft アカウント ma*****@outlook.com への最近のサインインに関して、不審な点が見られました。お客様の安全のために、お客様ご本人であることを改めて確認させていただく必要があります。

サインイン情報:
国/地域: スペイン
IP アドレス: 80.37.133.68
日時: 2014/10/19 15:06 (JST)

お客様がこれを実行した場合は、このメールを無視しても問題ありません。

お客様がこれを実行した覚えがない場合、悪意のあるユーザーがお客様のパスワードを使っている可能性があります。最近のアクティビティをご確認のうえ、手順に従って必要な対策を講じてください。

最近のアクティビティを確認する

セキュリティ通知を受け取る場所を変更するには、ここをクリックしてください。

サービスのご利用ありがとうございます。
Microsoft アカウント チーム

图1-24 CAPTCHA中使用的图像示例

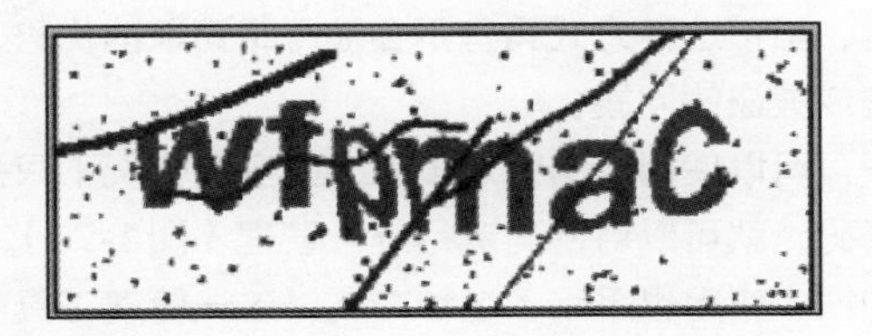

知识点

- 基于风险的身份认证是一种不会给用户增添负担，并且可以有效防止可疑访问的手段。
- 虽然 CAPTCHA 的认证对人类而言是一种比较麻烦的方式，但是可以防止计算机自动登录，提高系统的安全性。

密码使用环境的变化

登录信息可以复用的"单点登录"

要记住每一种服务或应用的ID和密码是麻烦的事情，如果将其中任意一个服务的登录信息用于其他服务，那么操作起来就会简便很多。因此，我们可以预先进行设置，使登录某一服务的认证信息能够同时用于其他服务，以此避免重复的登录认证，这一做法被称为**单点登录（图1-25）**。

采用这一认证机制可以将用户从烦琐的ID和密码中解放出来，管理员也可以更专注于对重要的系统进行有效的管理。不过，这种方式存在**如果第三者擅自登录某个服务，就能轻易地访问所有相关服务**的风险。

能有效防止密码被共用的工具

如果我们设置了复杂的密码，并为每一个网站设置不同的密码，就会产生大量ID和密码的组合，要记住它们是不现实的事情。

将密码写在便签上并贴在其他人也可以看到的地方的做法虽然有些荒谬，但是以第三方看不懂的方式，写在纸质备忘录或笔记本上保存也不失为一种方法。不过，虽然这种方式具有不会被网络窃取的优势，但是需要注意密码会存在丢失或被盗的问题。

这种情况下，可以使用**密码管理工具**。大多数情况下只需要记住一个被称为主密码的密码，就可以对密码进行统一管理（**图1-26**）。

智能手机的很多应用也采用了这种方式，这一管理工具中提供了在需要输入密码时会自动进行输入的功能、在多个终端同步密码信息的功能，以及使用指纹认证作为主密码的功能。

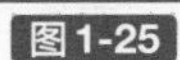

图1-25 单点登录

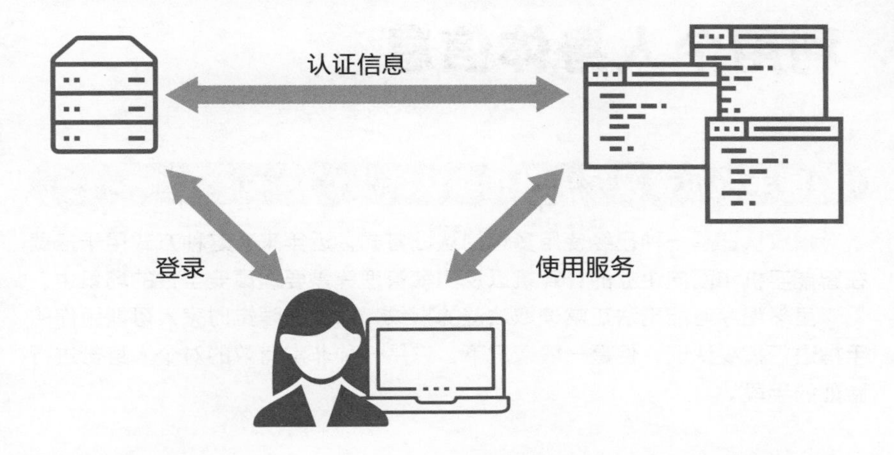

图1-26 密码管理工具

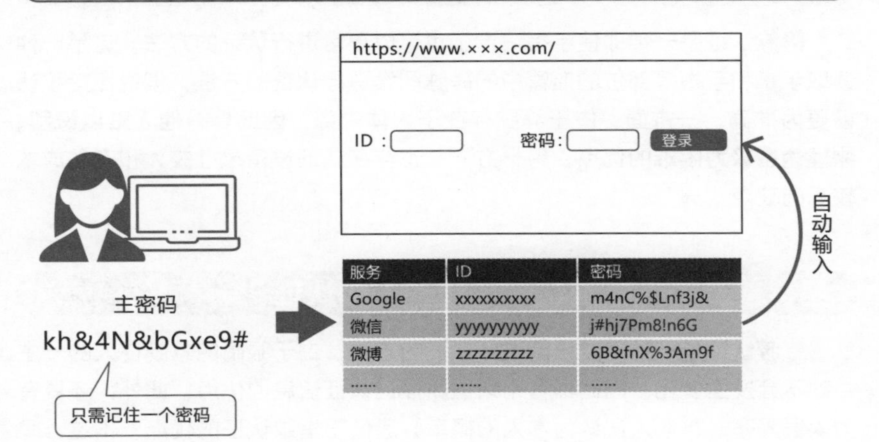

知识点

- 为了减轻多个服务使用不同密码的负担，我们可以使用单点登录和密码管理工具。
- 很多服务不支持单点登录，因此如果要在多个服务中使用不同的密码，使用密码管理工具是比较实际的办法。

» 利用个人身体信息

智能手机也普及了的“指纹认证”

指纹认证是一种已经使用多年的认证方式。近年来，这种方式用于搭载在智能手机和面向企业的计算机以及门禁管理等需要提高安全性的场景中。

虽然程序可能无法正常读取沾湿的指纹，以及在睡觉时家人可能用你的手指进行指纹认证，但是一般情况下，它是一种非常有效的对个人身份进行验证的手段。

比指纹认证精度更高的“静脉认证”

静脉认证是一种即使手指沾湿了也可以正常进行认证的方法。这是一种读取手掌和手指等部位的血管中的静脉图案进行认证的方法，据说比指纹认证更为准确。一方面，由于静脉存在于人体内部，因此具有**他人难以识别，物理伪造极为困难**的优点。另一方面，也存在认证设备尺寸较大和安装成本较高的缺点。

亟待普及的“虹膜认证”和“人脸认证”

虹膜认证是一种通过眼睛进行认证的方法。由于眼睛的虹膜在人的一生中都不会发生变化，因此具有无须重新登记认证信息的优点。此外，还具有**他人误入率**（将他人误认为本人的概率）远低于指纹认证的优点。不过，同样也存在导入成本较高的问题。

人脸认证※1是一种无须特殊的装置就可以进行生物特征认证的方法。由于近年来智能手机等设备的摄像头的分辨率已经得到了极大提升，因此具有易导入的优点。这一认证方式已经开始应用于Windows和iPhone的登录，今后有望得到更为广泛的普及。

此外，生物认证中也存在如图**1-27**和图**1-28**所示的问题。

※1　目前，人脸认证技术的应用已经非常广泛。

图1-27 生物认证的权衡取舍

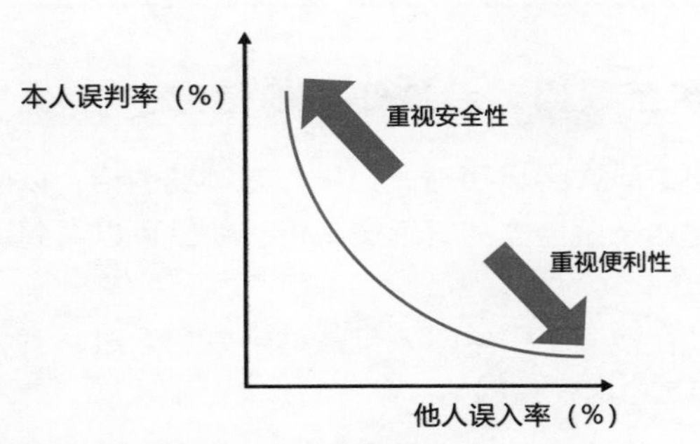

来源：日本信息处理推进机构（IPA）《生物认证的导入/运用步骤》。

图1-28 生物认证的问题

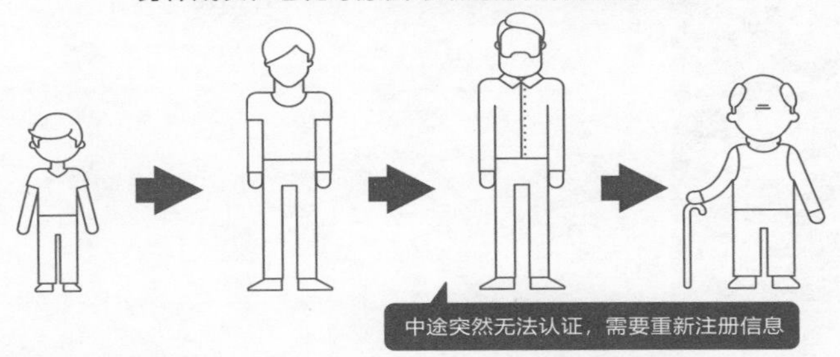

知识点

- 随着智能手机的普及，越来越多的应用场景中开始使用指纹认证和人脸认证等生物认证技术。
- 在使用生物认证时，我们也需要理解其中面临的问题。

开始实践吧

了解只要连接互联网就会被知道的信息

通过互联网访问Web网页时，如果只是浏览的话，以匿名的方式就可以进行访问。但对于服务器的管理员来说，他是可以看到访问者的若干信息的。

当我们尝试在搜索引擎中输入某关键字并搜索时，就会显示出几个网站。请尝试访问其中的任意网站。

您的信息（信息确认）

获取信息的时间	2018年 07月 04日　PM 19时 54分 22秒
服务器	www.ugtop.com
您的IP地址（IPv4）	106.181.201.172
网关的名称	kd106181201172.au-net.ne.jp
操作系统的分辨率	1680 x 1050pix
当前使用的浏览器	Mozilla/5.0 (Macintosh; Intel Mac OS X 10_13_5) AppleWebKit/605.1.15 (KHTML, like Gecko) Version/11.1.1 Safari/605.1.15 显示尺寸：1680 x 942pix
客户端的位置	(none) / (none)
客户端ID	(none)
用户名	(none)
是来自哪个URL的访问	https://www.google.com/

当我们确认显示出的网站信息时可以看到，其中显示了访问者的IP地址、浏览器的信息、操作系统、画面分辨率、来自哪个URL的访问等信息。

如果知道IP地址，还可以了解到使用了哪个供应商。如果允许使用JavaScript获取位置信息的话，还可以看到是从哪个位置进行的访问，甚至还可以看到用户所处位置的经度和纬度信息。这些信息都会被服务器管理员所掌握。

请尝试通过直接指定URL进行访问、通过搜索引擎进行访问、在计算机上使用不同浏览器进行访问、通过智能手机进行访问，并确认这几种方式的访问结果有何不同。

第2章

针对网络的攻击——不速之客

» 数据的偷窥

网络上的偷窥

使用互联网时，有一个令人担心的问题，即个人信息的处置。即使在社交网络上尽量不公开个人信息，但是在购物配送时我们也需要输入姓名、地址和电话号码等个人信息。

在这种情况下，对于购物网站中泄露个人信息的问题，我们就只能相信卖家的自觉。但是，输入的个人信息也可能会在网络上被他人偷窥。类似这样的偷窥行为被称为**窃听**（**图2-1**）。

网络上哪些地方会被窃听呢

要防止信息被窃听，我们就需要使用第5章中讲解的“加密”和第三方无法连接的专用线路等这类网络。为了判断哪种对策比较有效，接下来我们将思考窃听一般会在哪些地方发生。

一种是在连接网络的通信设备中。路由器和交换机就是简单的例子。虽然这不属于窃听，但是管理员会审核数据的内容，确认是否存在可疑的通信。也就是说，作为系统管理员是可以查看谁在哪里访问以及所访问的内容的。

另一种是在无线局域网、有线局域网、专用线路等这类传输介质中。无线局域网通常都会设置为加密通信，但是数据加密的范围仅限于个人计算机和智能手机等终端到无线局域网路由器之间（**图2-2**）。而专用线路一般是负责办公室之间的网络连接，办公室内的通信则需要实施额外的加密机制（**图2-3**）。

也就是说，**如果在路由器和互联网之间安装了通信设备，或者在办公室内安装了通信设备，那么从技术角度上来讲就可以进行窃听**。因此，为了防止网络上的窃听行为，我们不仅需要对一部分网络进行加密，还需要对数据进行加密。

图2-1　窃听的示意图

互联网

图2-2　加密的范围

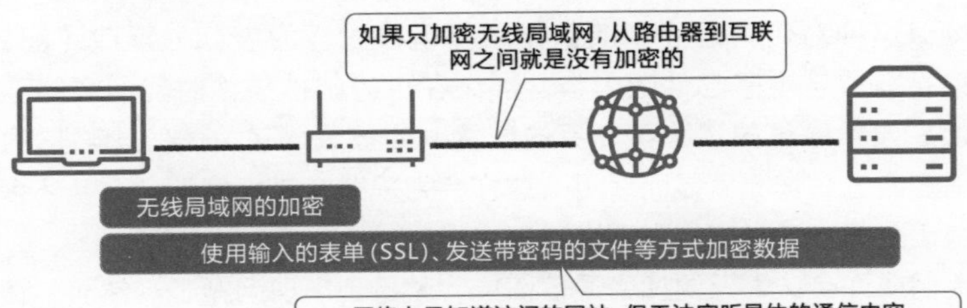

图2-3　专用线路的范围

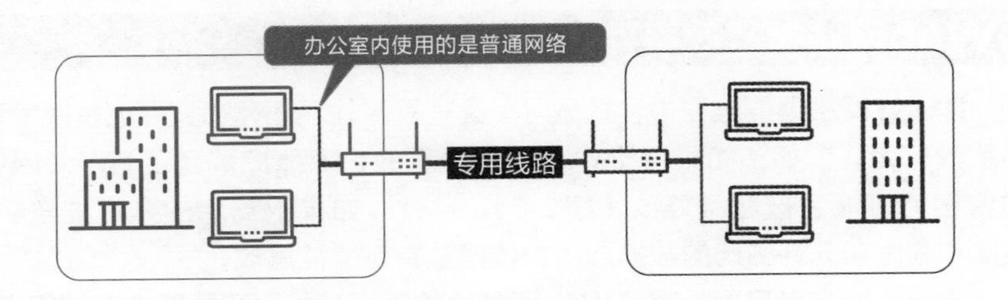

知识点

- 要防止窃听，就需要思考在哪些范围内可能会被窃听。
- 加密不仅可以防止窃听，也是一种“即使被窃听，他人也无法查看信息的具体内容”的手段。
- 如果没有采取任何加密措施，那么通信设备的管理员就可以随意查看通信的内容。

» 威胁数据可靠性的攻击

数据被替换

可能大家会认为只要不是个人信息，在网络通信线路上被窃听也“不会有什么损失”。但是，即使只是在网络上闲聊，如果中途数据被替换，对方就有可能会接收到与发送内容完全不同的内容。

类似这种对传输过程中的数据进行替换的行为被称为**篡改（图2-4）**。如果只是篡改了电子邮件的内容，那么在进行邮件来往时我们可能会察觉到，但是如果是篡改了购买商品的数量，如被改成了10倍、100倍的数量进行采购会怎么样呢？显而易见，这样会为采购方带来麻烦，甚至还会将卖家和快递公司牵涉进来，进而造成巨大损失。

我们或许会认为只要加密通信信息，就不会出现问题了。然而，在实际生活中，也会存在5-14节中将要讲解的“中间人攻击”的情况。在这种情况下，很有可能发送和接收的双方都会意识不到在通信过程中出现了问题。

Web网站被篡改事件频发

除了在网络通信过程中，数据可能会被篡改外，还存在文件被替换等这类篡改行为。例如，如果用于Web网站更新的**FTP账户**被盗了，Web网站的内容就可能会被恶意篡改（**图2-5**）。此外，如果数据库的账户被盗了，该账户权限所允许访问的数据库中的数据就有可能被篡改。

因此，**攻击者只要抢夺了Web服务器的管理员权限和更新内容的权限，就能通过这一权限篡改所有允许访问的内容**。此外，还有创建伪冒网站，自动将去往官方网站的访问用户诱导到伪冒网站的做法。

在现实中，也曾出现过政府部门的网站被篡改，并显示政治信息的事件，以及用户仅通过浏览网站就感染了计算机病毒的事件。

图2-4 篡改的示意图

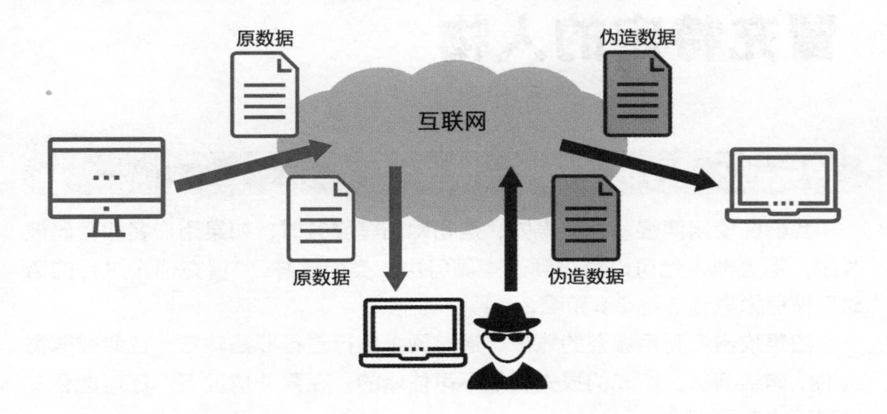

图2-5 篡改Web网站的示例

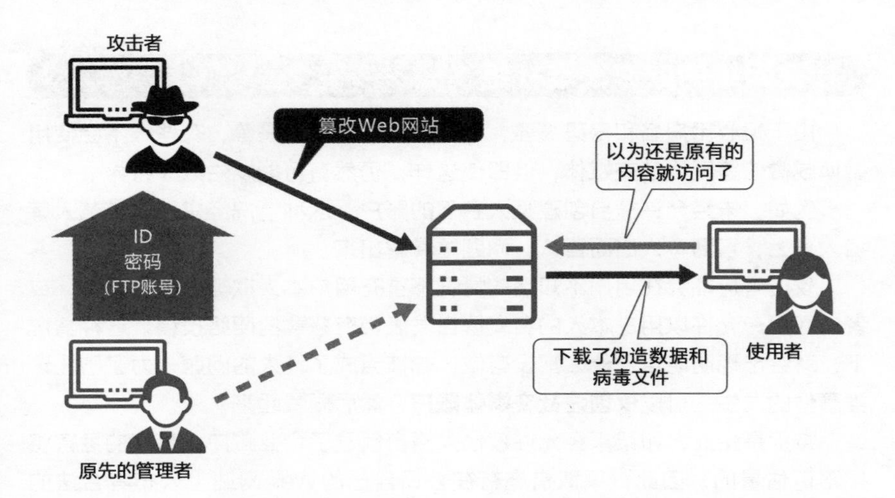

知识点

- 即使在传输过程中数据被篡改，使用者也可能毫无察觉。
- 如果攻击者抢夺了 Web 服务器的管理员权限，就可能会伪造网站、诱导用户下载计算机病毒。

» 冒充特定的人物

冒充他人进行的活动——欺诈

我们在使用博客、社交媒体、购物网站等服务时，如果用户名和密码被泄露，那么他人也可以登录到这些服务中。类似这样，“冒充他人进行的活动”被称为**欺诈**（**图2-6**和**图2-7**）。

如果攻击者利用被盗的账户，通过网上银行进行非法转账，或者在购物网站上购买商品，造成的损失将是不可估量的。在某些情况下，还可能会发送和接收电子邮件。

除此之外，针对那些只能从特定的IP地址连接的服务，冒充本人的IP地址进行连接的行为被称为**IP地址欺诈**。

社交网络的欺诈很难杜绝

由于担心用户名和密码被盗、担心个人信息被泄露等，有些人不会使用微博或微信等网络社交媒体，但即使这样，仍然有可能发生欺诈行为。

例如，未经允许擅自创建某人名下的账户。这种情况经常发生在艺人等名人身上，直到本人出面否认，问题才暴露出来。

攻击者可能会在用户不知情的情况下冒充用户本人欺骗用户的朋友，或者未经用户允许以用户本人的名义擅自发表带有恶意的网络投稿。这种情况下，就会出现明明自己什么都没有做，却被当成了坏人的问题。为了防止这类事件的发生，可以仅**创建社交媒体账户**，然后搁置起来。

特别是企业，如果未经允许被他人擅自创建了企业账户，带来的危害将是不可估量的。因此，采取措施有在公司自己的Web网站上公布其合法的账户、获取微博等社交媒体的已认证账户（**图2-8**），以及在发送电子邮件时添加数字签名[※1]等。

※1 有关数字签名的内容请参考5-6节。

图2-6 **欺诈的示例**

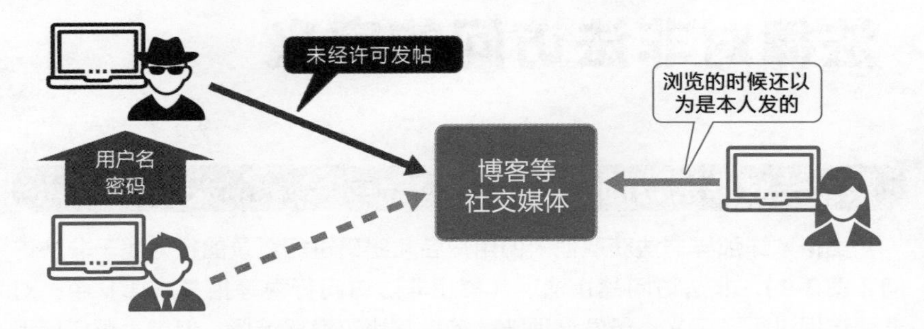

图2-7 **社交网络欺诈的示例**

现在忙吗?

不忙啊，有什么事吗?

我的微信出问题了，需要好友帮忙认证。能告诉我你的电话号码吗?

图2-8 **完成认证的账户的示例**※1

知识点

- 即使用户名和密码没有被盗取，也会存在在未经本人许可的情况下，擅自被创建网络账户的问题。
- 使用者也需要注意，对方是否为通过冒充的账户发出信息的。

※1 译者注：为了方便读者阅读，此处的示例为中文版示例。

» 法律对非法访问的定义

禁止法对非法访问的定义

类似欺诈那样非法获取他人的用户名和密码进行登录的行为属于**非法访问**（图2-9）。非法访问禁止法※1（禁止非法访问行为等相关法律）中，对非法访问进行了定义。虽然该项法律的措辞比较晦涩难懂，但是大概包括下列行为（图2-10）。

- 未经允许擅自使用他人的用户名和密码使用系统的行为。
- 通过滥用系统故障和回避访问限制来使用系统的行为。
- 为了使用目标系统，回避该网络中其他计算机的访问限制来使用系统的行为。

上述行为都是以“通过电信网络线路”访问为前提的。也就是说，通过互联网和局域网的**网络进行非法访问就会成为处罚的对象**。即使没有造成任何损失，使用他人的用户名和密码进行非法访问的行为本身，就已经构成了犯罪。但是，必要时由管理员进行访问的情形除外。

此外，不经由网络线路，直接操控计算机的键盘擅自使用计算机的行为不属于非法访问。

管理者有义务尽力防止非法访问

攻击者专门瞄准存在漏洞的服务器进行非法访问时，通常会使用工具进行，会不会受到攻击与公司的名气大小是没有必然联系的。因此，即使是中小企业或使用用户数量较少的服务器也不能掉以轻心。非法访问禁止法要求管理者建立一个难以实施非法访问的系统环境。

※1　若非特别指明，本书描述的内容均为日本国内的实际情况。

图2-9 2016年后日本非法访问被法律认定的案件数

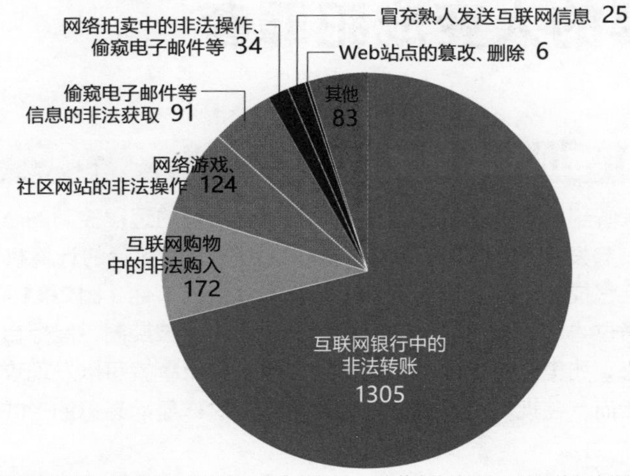

来源：日本国家公安委员会、总务省、经济产业省《非法访问行为的发生情况以及访问控制功能相关技术的研究开发情况》。

图2-10 非法访问

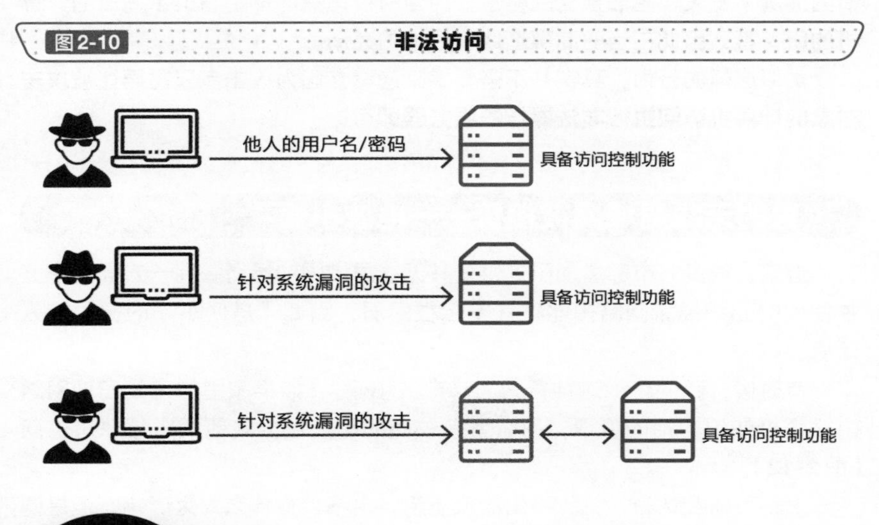

知识点

✐ 非法访问是以通过网络进行的访问为前提的。
✐ 即使没有造成任何损失，使用他人的用户名和密码进行非法访问的行为本身就已经构成了犯罪。

» 无辜的人变成犯罪者

远程操作的形式与现实

当大家听到**接管**计算机时，马上就会想到所谓的**远程控制的恶意软件**事件。这是一起发生于2012年，攻击者向感染了恶意病毒的计算机发送非法指令进行远程控制，并在论坛发帖进行犯罪预告的事件（**图2-11**）。

我们通过“远程操作”一词可能会联想到画面被控制、鼠标自动操作等的这类情形。如果计算机出现了这样的现象，使用者就可以发现攻击者的非法操作。然而，在现实中，攻击者们并不是以这样显而易见的形式来实现远程控制的。

上述事件中，用户本人并不知道计算机感染了恶意病毒，因此是在不知情的情况下发表了犯罪预告的帖子。而当时被逮捕的却是感染了病毒的计算机的所有者，因此在当时此事造成了很大的轰动。

类似这样的行为，其实并不需要感染病毒。因为攻击者**只需要让被攻击对象的计算机访问执行非法操作的服务器即可**。

家里的无线局域网被接管——电波小偷

近来，很多城市都增加了提供公共无线局域网的场所。另一方面，家庭中使用的无线局域网路由器往往安全性薄弱，因此“搭便车”的行为被人诟病。

有时候，我们也称这种行为为“电波小偷”，如果家里的无线局域网路由器直接使用初始的设置，那么就有较高的可能性会被他人进行非法访问（**图2-12**）。

大家可能会认为，就算路由器被盗用，也不会有什么太大影响，但是问题在于这可能会被他人用于犯罪。**如果被用于攻击外部的网站，要查证是由谁发起的攻击就会变得比较困难**。

图2-11 远程操作的示例

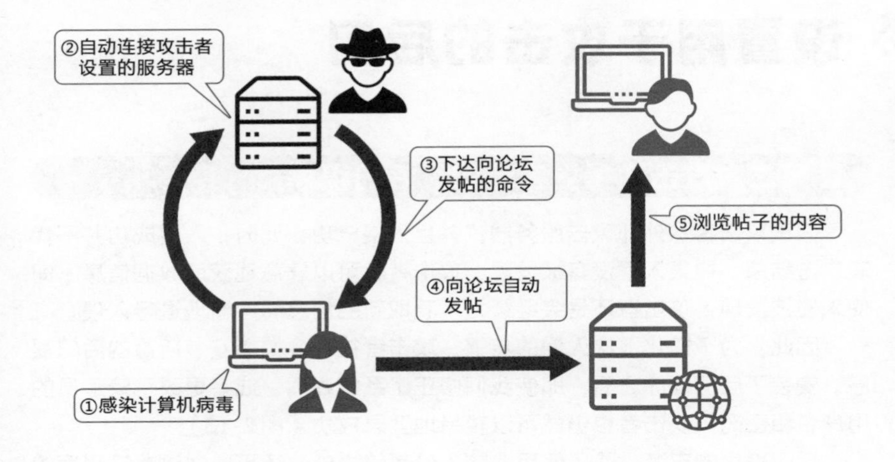

图2-12 电波小偷

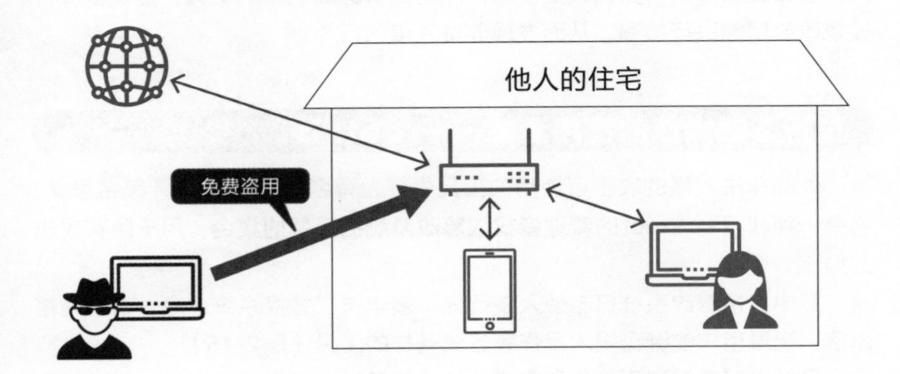

知识点

- 远程控制是在本人察觉不到的情况下进行的，即使没有感染病毒也同样可以执行非法操作。
- 住宅中设置的无线局域网路由器，存在被他人接管并将其用于犯罪的风险。

» 设置用于攻击的后门

让第二次攻击变得更容易的“后门程序”

假设攻击者从外部攻击服务器，并且入侵成功。此时，入侵成功并不代表攻击结束。如果入侵没有被发现，攻击者就可以肆意地获取数据信息；即使入侵被发现，攻击者还是会继续为了获取新的信息而不断地进行入侵。

因此，为了简化下次入侵的步骤，攻击者往往会悄悄安装所谓的**后门程序**。安装了后门程序之后，即使我们修正了系统漏洞，或者更改了管理员的用户名和密码，攻击者也仍然可以轻易地登录成功（**图2-13**）。

后门程序的安装，除了使用非法入侵系统之外，还可以通过非法程序的下载（**图2-14**）和打开电子邮件的附件使计算机感染病毒进行安装。

设置好后门程序之后，现有的设置文件和软件就会被替换。由于会涉及文件的设置和修改，因此只要使用各厂商提供的**篡改检测工具**，当设置文件被篡改时就能进行检测，从而发现非法入侵的行为。

执行非法操作的程序套装——rootkit

外部非法入侵的攻击者使用的工具中较为有名的是**rootkit**。顾名思义，它是一种利用名为root的**管理者权限篡改系统的工具的集合**，用于隐藏攻击的痕迹。

其中包括篡改系统日志使入侵行为不被察觉、替换系统命令、窃听网络通信、记录用户的键盘输入操作等各式各样的工具（**图2-15**）。

虽然也有专门用于检测和删除rootkit的工具，但是这些工具与其他杀毒软件一样，也是处于一种“猫捉老鼠”的状态。

图2-13 后门程序（来自外部的攻击）

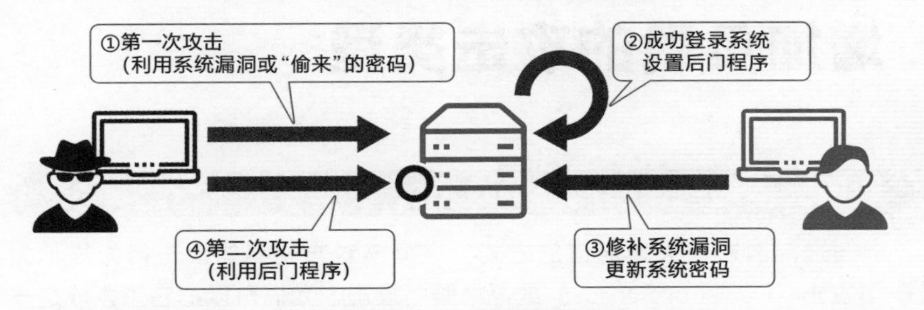

图2-14 后门程序（非法程序的下载）

图2-15 rootkit

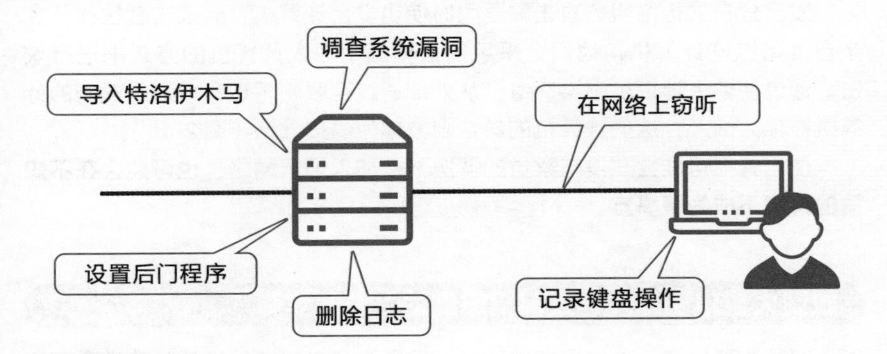

知识点

- 攻击者可能会设置后门程序，并试图反复入侵。
- rootkit 是一种执行非法操作的工具的集合。

» 增加负载的攻击类型

利用大量通信瘫痪网络的攻击

通过同时产生大量通信的方式，来瘫痪对方网络的攻击行为被称为**DoS攻击**（Denial of Service）或**拒绝服务攻击**。我们可以把它想象成是一种“打进来很多骚扰电话，导致无法正常接听必要电话”的状态。

如果是像Web服务器那样需要对外部公开的场合，无论服务器规模大小，它都会成为被攻击的对象。拒绝服务攻击是从一台计算机发起的攻击，而同时使用多台计算机攻击一台计算机的行为则被称为**分布式拒绝服务攻击**（Distributed Denial of Service）。

如果是拒绝服务攻击，只需要禁止来自该计算机的通信就能够应对；但是，如果是分布式拒绝服务攻击，由于它是来自多台计算机的攻击，因此禁止通信是非常不现实的做法。

通过接管计算机实施分布式拒绝服务攻击

发起分布式拒绝服务攻击需要同时使用多台计算机，而攻击者往往不会亲自准备这些计算机，他们会采用接管和滥用他人计算机的方式来进行攻击。通过使他人计算机感染病毒，从外部通过互联网下达命令进行操作的计算机被称为**僵尸**，这些计算机的集合则被称为**僵尸网络**（**图2-16**）。

使用者很可能会在没有察觉的情况下被加入僵尸网络，也可能会**在不知情的情况下成为肇事方**。

收到大量电子邮件导致邮箱爆满的“邮箱炸弹”

邮箱炸弹属于一种垃圾邮件，是指发送大量电子邮件导致邮箱被塞满的状态（**图2-17**）。但是，随着垃圾邮件过滤功能的不断提升，以及邮箱容量的增加，目前这种攻击方式已经变得比较少见。

图2-16　基于僵尸网络的分布式拒绝服务攻击

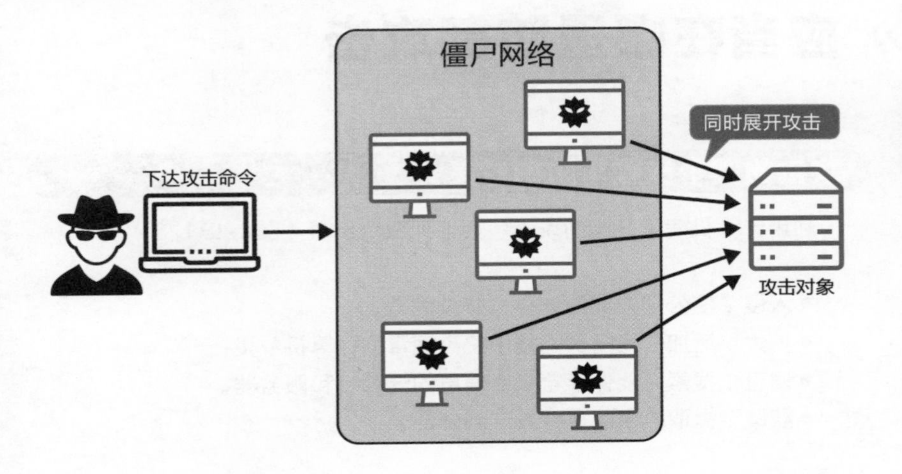

图2-17　邮箱炸弹

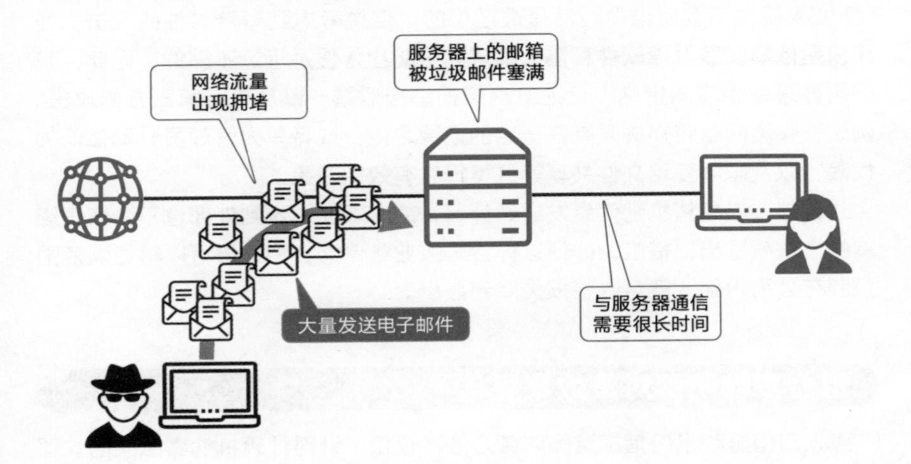

知识点

- 基于僵尸网络的分布式拒绝服务攻击，往往难以锁定真正的攻击者。
- 虽然发送大量电子邮件的邮箱炸弹对业务的影响较大，但是随着垃圾邮件过滤功能的不断提升，这种情况正在逐渐减少。

» 应当在哪里防御攻击

攻击的四个步骤与防御对策

利用计算机病毒开展的攻击包括下列四个步骤（**图2-18**）。

- 入侵：使公司内部的计算机感染病毒。
- 扩大：增加公司内部网络中感染病毒的计算机数量。
- 调查：搜索可能保存着机密信息的计算机和服务器。
- 获取：提取机密信息并发送到外部。

只要能够阻拦上述的任意一个步骤，就可以在造成重大损失之前化解危机。那么，首先需要考虑的就是**入口措施**。能够做到“防止病毒入侵”和“即使入侵也不会感染”当然是最理想的，但是考虑到有针对性的攻击，如果**只是依靠安装杀毒软件和防火墙来完全防止入侵是远远不够的**。因此，我们需要采取相应的措施，杜绝信息的损坏和泄露，以及来自第三方的攻击。例如，隔离网络将损失限制在一定的范围之内，或者只为管理员分配最低的权限，以及限制使用文件共享等这类行之有效的对策。

此外，避免将机密信息发送到外部，或者即使发送到外部也不会产生影响的做法就是**出口措施**。即便这样会导致业务停滞，但如果可以将影响范围控制在公司内部，就可以将损失降到最小。

组合多种防御对策效果更佳

入口措施和出口措施这类防御方法不仅仅是针对计算机病毒感染的。那些提供Web应用的企业，还会受到来自外部的攻击。

在这种情况下，可以采用由多种对策组合而成的名为**多层防御**的对策（**图2-19**）。这样一来，不仅可以提升防御的效果，还可以为应对攻击争取时间。

图2-18 从感染病毒到信息泄露的流程

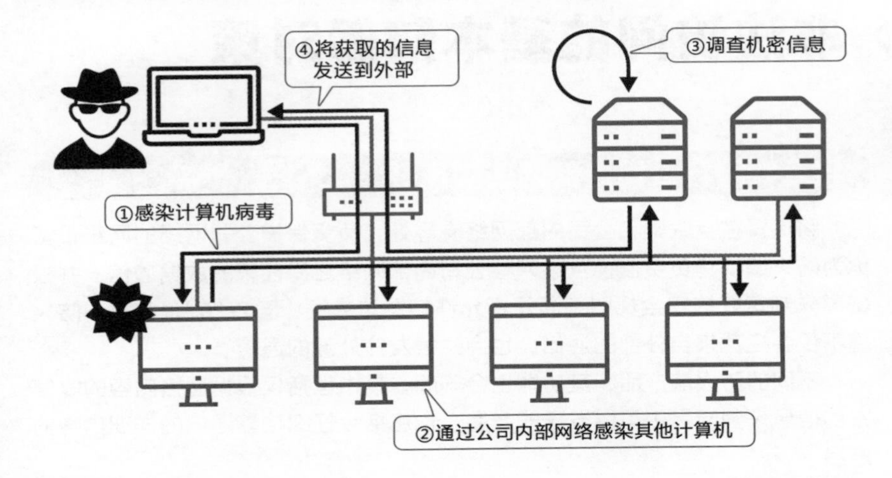

图2-19 多层防御的示例

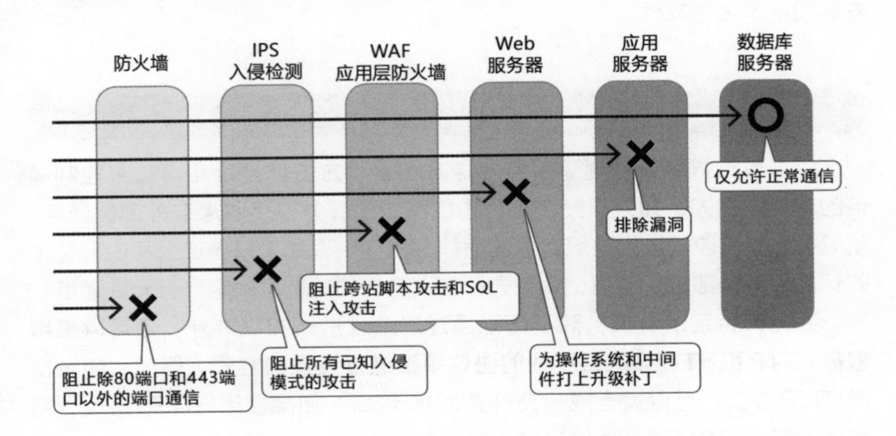

知识点

- 由于有针对性的攻击手段花样百出，因此不仅需要采取入口措施，同样也需要采取出口措施来防患于未然。
- 为了防御来自外部的攻击，可以采用由多种对策组合而成的多层防御对策。

» 非法访问的基本防御对策

将互联网与公司内部网络隔离开

将设置在互联网和公司内部网络交界处，负责保护公司网络的网络设备称为**防火墙**。它负责监视互联网与公司内部网络之间往来的数据通信，并根据事先制定好的安全规则判断是否允许转发该数据（**图2-20**）。此时，防火墙不仅会拦截来自外部的通信，也会拦截发往外部的通信。

不同的防火墙产品，其功能也会不同。其中包括仅根据通信内容的收信方的信息来判断是否可以发送的产品，也包括会仔细检查通信的详细内容的产品。

由于防火墙无法理解发送的电子邮件的具体内容，下载病毒、电子邮件的附件中附带了病毒这类操作也可能会被允许通行。因此，往往还需要另外安装和使用杀毒软件。

只允许特定的数据包通过

数据包过滤是一种通过检查发送方和接收方的IP地址和端口来控制通信的功能。例如，如果只允许公司内部特定的服务器接收来自外部的通信，就只会允许接收地址为该服务器的通信。同样地，如果只允许公司内部特定的计算机与外部进行通信，就会先检查发送方的地址再确定是否允许通信。

要允许特定的通信，除了可以通过IP地址进行控制之外，**还可以采用根据HTTP和HTTPS这类不同的协议单独进行设置**的方式。例如，如果使用HTTP协议，可以设置成只允许访问80端口；如果使用HTTPS协议，则可以设置成只允许访问443端口（**图2-21**）。

图 2-20 防火墙

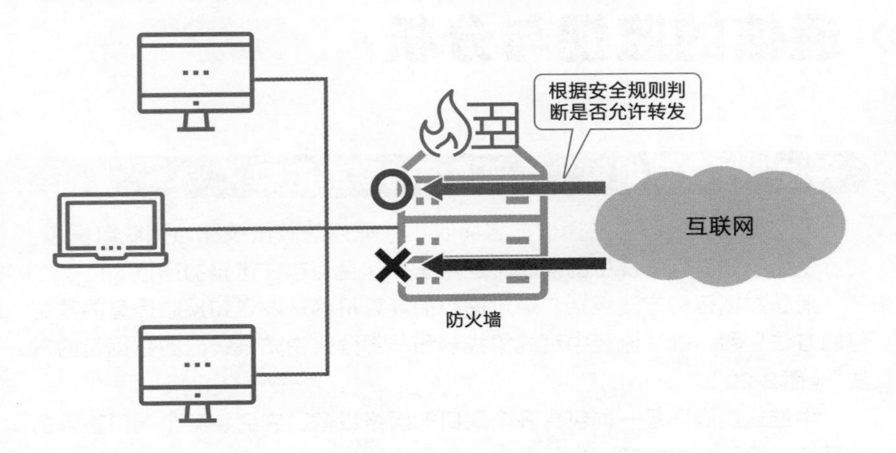

图 2-21 数据包过滤

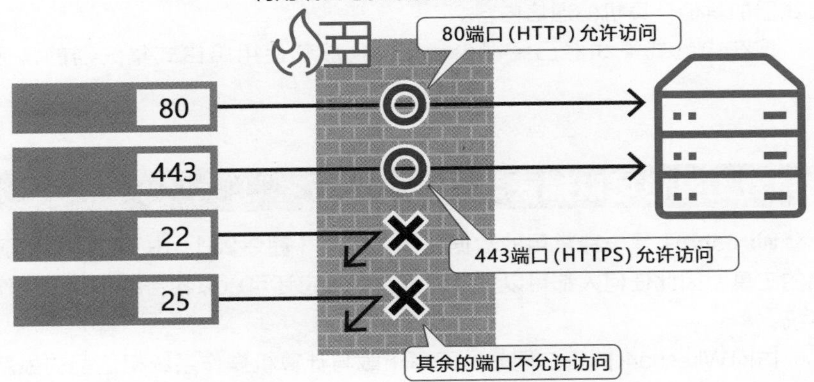

知识点

- 为了防止非法访问，可以使用根据安全规则拦截非法通信的防火墙。
- 防火墙通过数据包过滤等功能实现对通信内容的控制。

» 通信的监视与分析

通过“捕获数据包”实现通信内容的监视

为了检查流经网络的通信内容而收集数据包的做法被称为**捕获数据包**。它不仅用于调查网络发生的问题，还用于确认是否存在可疑的通信。

捕获数据包的方法包括“通过使用的计算机确认发送和接收信息的数据包的方法”和“确认流经中继式集线器和一部分路由式集线器的数据包的方法”（图2-22）。

中继式集线器是一种包含多个端口的网络设备，它会将某个端口输入的信号转发给所有的端口。也就是说，只要连接的是同一个中继式集线器，就可以查看与之连接的其他计算机的通信内容。

虽然**路由式集线器**只会将信息传递给有需要的端口，但是某些型号中也提供了所谓的**镜像端口**。只要连接到镜像端口，就可以查看连接到该路由式集线器的其他计算机的通信内容。

现在中继式集线器已经很少使用，一般都使用路由式集线器的镜像端口。

免费工具也可以捕获数据包

Wireshark是一种常用的数据包捕获工具（图2-23）。由于它是开放源码的工具，因此任何人都可以免费使用，并且它还可以兼容各种不同的操作系统。

访问Wireshark的官方网站，即可下载与计算机操作系统相匹配的最新版本。使用Wireshark，不仅可以捕获数据包，还可以对通信进行各种分析。例如，对通信中所使用的协议种类和所占比例进行统计分析。

图2-22 捕获数据包的方法

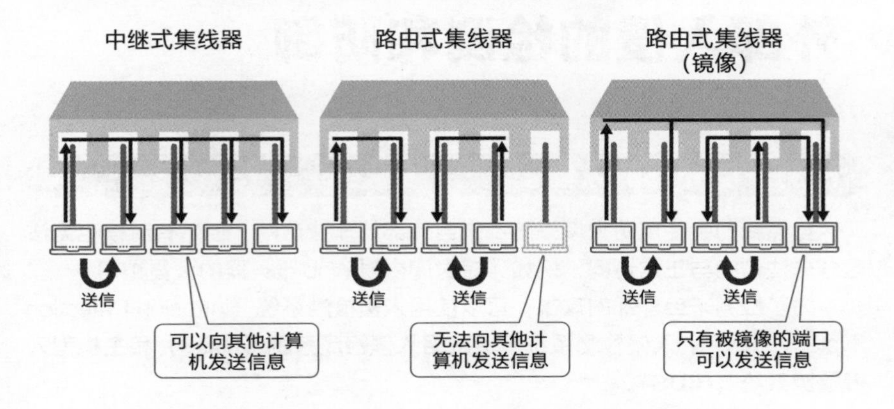

图2-23 基于Wireshark的协议分层统计

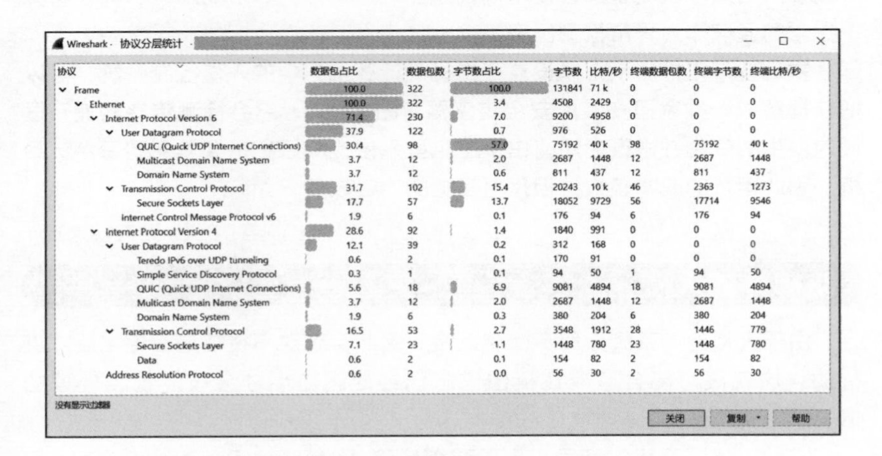

协议	数据包占比	数据包数	字节数占比	字节数	比特/秒	终端数据包数	终端字节数	终端比特/秒
Frame	100.0	322	100.0	131841	71 k	0	0	0
Ethernet	100.0	322	3.4	4508	2429	0	0	0
Internet Protocol Version 6	71.4	230	7.0	9200	4958	0	0	0
User Datagram Protocol	37.9	122	0.7	976	526	0	0	0
QUIC (Quick UDP Internet Connections)	30.4	98	57.0	75192	40 k	98	75192	40 k
Multicast Domain Name System	3.7	12	2.0	2687	1448	12	2687	1448
Domain Name System	3.7	12	0.6	811	437	12	811	437
Transmission Control Protocol	31.7	102	15.4	20243	10 k	46	2363	1273
Secure Sockets Layer	17.7	57	13.7	18052	9729	56	17714	9546
Internet Control Message Protocol v6	1.9	6	0.1	176	94	6	176	94
Internet Protocol Version 4	28.6	92	1.4	1840	991	0	0	0
User Datagram Protocol	12.1	39	0.2	312	168	0	0	0
Teredo IPv6 over UDP tunneling	0.6	2	0.1	170	91	0	0	0
Simple Service Discovery Protocol	0.3	1	0.1	94	50	1	94	50
QUIC (Quick UDP Internet Connections)	5.6	18	6.9	9081	4894	18	9081	4894
Multicast Domain Name System	3.7	12	2.0	2687	1448	12	2687	1448
Domain Name System	1.9	6	0.3	380	204	6	380	204
Transmission Control Protocol	16.5	53	2.7	3548	1912	28	1446	779
Secure Sockets Layer	7.1	23	1.1	1448	780	23	1448	780
Data	0.6	2	0.1	154	82	2	154	82
Address Resolution Protocol	0.6	2	0.0	56	30	2	56	30

知识点

- 通过捕获数据包查看流经网络的数据包内容。
- Wireshark 是一种常用的数据包捕获工具，可以免费使用。

» 外部入侵的检测和防御

检测来自外部的入侵

虽然我们会使用防火墙来防御来自外部的非法访问，但是有时候也无法区分非法访问与正常访问，例如，短时间内对Web服务器的大量访问。

为了检测来自外部的攻击，可以使用**入侵检测系统**（Intrusion Detection System，**IDS**）。入侵检测系统包括**网络入侵检测系统**（**NIDS**）和**主机型入侵检测系统**（**HIDS**）。

网络入侵检测系统是设置在网络中的入侵检测系统，它就像一个监控摄像头（**图2-24**）。由于它只用于监视，因此可以检测到入侵，但是无法防御入侵。网络入侵检测系统会使用模式匹配等方法检测非法的通信，并会将异于往常的通信作为异常检测出来。

主机型入侵检测系统是设置在主机（计算机）中的入侵检测系统，可以把它理解成一种家里安装的安全传感器（**图2-25**）。它会检测传感器捕获区域内发生的变化并进行通知。由于主机型入侵检测系统需要导入到每台计算机，因此运营的成本较大，但是可检测的内容较多。

防御外部入侵

由于入侵检测系统只负责检测入侵，因此实施对策往往是在这之后才进行的。这就很可能会造成在机密信息已经泄露之后才会被发现和处理的情况。

因此，还需要探讨和导入**入侵防御系统**（Intrusion Prevention System，**IPS**）。入侵防御系统就相当于一个乘车时的自动检票口（**图2-26**），当乘客被识别为非法时就会进行防御。如果非法的通信想要通过入侵防御系统，就会被检测出来并阻拦此次通信。

由于入侵防御系统在检测到入侵通信时会进行阻拦，因此当发生误判时会对业务产生影响。如果想要避免这种情况的发生，就可以使用入侵检测系统。

图2-24 网络入侵检测系统

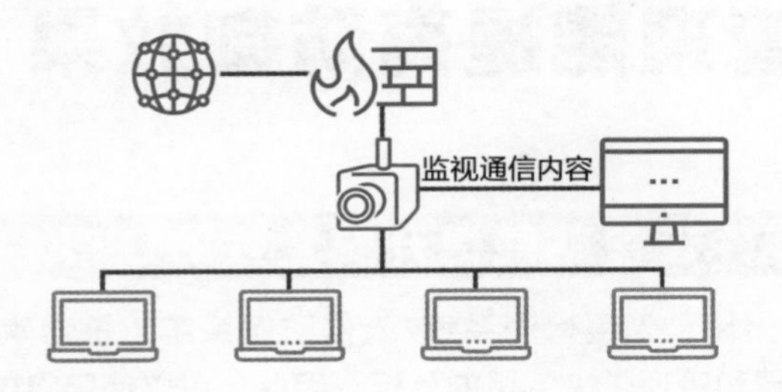

图2-25 主机型入侵检测系统

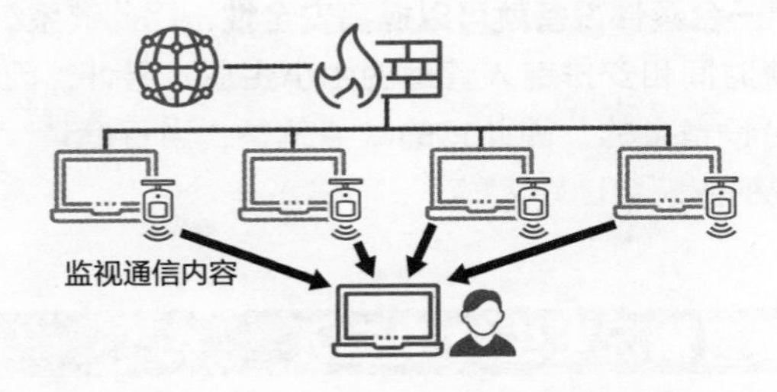

图2-26 入侵防御系统

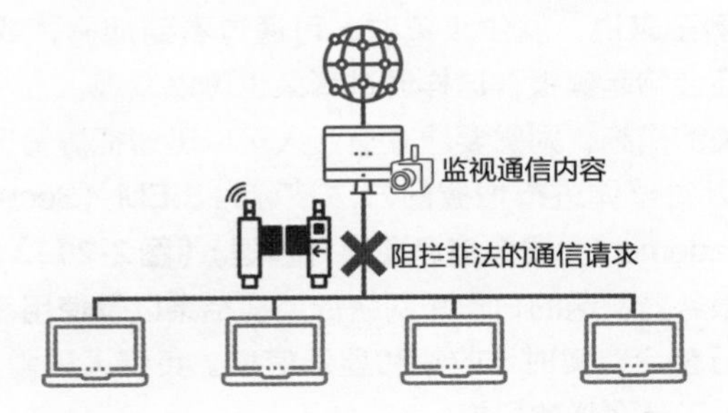

知识点

- ✎入侵检测系统包括网络入侵检测系统和主机型入侵检测系统，可用于检测非法通信和异常通信。
- ✎虽然使用入侵防御系统可以阻拦非法通信，但是也要考虑误判带来的影响。

» 集中管理能提高防御效果

用一台硬件设备就能提升安全性的UTM

如果对防火墙、入侵检测系统/入侵防御系统、杀毒软件进行分开导入，就会给运营和管理带来沉重的负担。因此，可以使用将这些系统作为一个产品进行集中管理的**UTM**（Unified Threat Management，**统一威胁管理**）系统（**图2-27**）。

由于只需要**一台硬件设备就可以提高安全性**，因此该系统常用于那些无法在管理上花费时间和安排专人管理的中小企业。另外，因为UTM系统是通信集中在一台设备上的，因此它的缺点就是，当吞吐量[※1]下降，或者发生故障时，造成的影响会比较大。

通知管理员有情况发生的SIEM

即便使用统一威胁管理系统，也无法防御所有的攻击。因此，面对越来越狡猾的攻击，需要“采取有效的措施发现异常事态并调查原因”。

拿身边的例子来说，发生火灾时，可通过看到烟雾，或者闻到气味察觉。某些场合还会响起警报，这样通过耳朵也可以发现。

而安全相关的措施，则需要建立负责人可以迅速把握情况的机制。当发生故障时，可以对整体进行把握的方法被称为**SIEM**（Security Information and Event Management，**安全信息和事件管理**）（**图2-28**）。

它可以将服务器发送的日志和网络的监视结果以及使用者的计算机发送的各种日志进行整合，实时地收集和显示信息。负责人只需要确认该信息，就能够知道发生了什么样的异常。

※1　吞吐量：在一定时间内可处理和转发的信息量。

图2-27 统一威胁管理

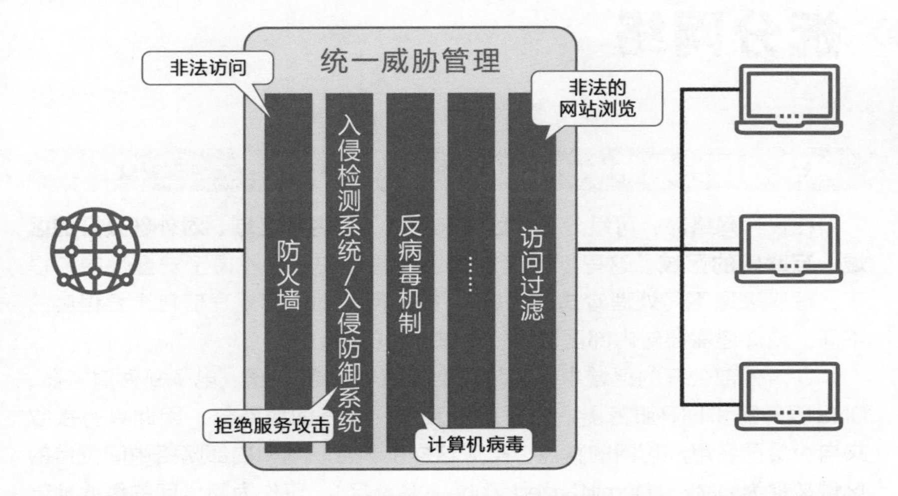

图2-28 安全信息和事件管理

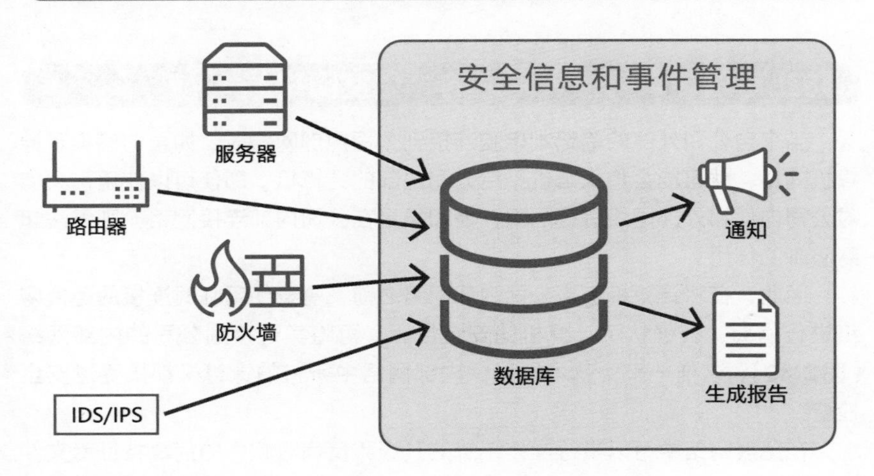

知识点

- 导入统一威胁管理系统，可以降低安全设备的管理成本。
- 使用SIEM可以对多台安全设备的日志进行集中管理，并对管理员必须确认的信息进行整合。

》拆分网络

网络的缓冲地带——DMZ

在设计网络时，可以分三个区域来考虑，即**内部区域、对外部公开的区域、互联网的区域**。这里划分区域的思路是“在充分考虑了安全性的前提下，理应采取不同处理方式的区域”。根据网络规模和处理信息重要程度的不同，或许还需要对内部区域进行更进一步的细分。

在对外部公开的区域中，通常需要设置Web服务器、电子邮件服务器、DNS服务器和FTP服务器。由于是对互联网公开的服务器，因此具有接收来自大量匿名用户访问的特点。类似这样位于互联网和内部网络中间位置的区域被称为**DMZ**（Demilitarized Zone，**隔离区**），可作为网络间的缓冲地带使用（图2-29）。

防止可疑计算机接入网络的“免疫网络”

当来自公司外部的笔记本电脑连接到公司内部网络时，如果它感染了计算机病毒，就可能会将病毒传染给公司内部的计算机。即使可以使用防火墙对公司内部和外部网络进行隔离，但如果是在公司内部连接网络，则无法起到防御的作用。

因此，在将计算机连接公司内部网络之前，需要使用临时连接的**免疫网络**进行隔离，在确认了计算机的安全性后，再将其连接到公司的内部网络（图2-30）。这样一来，就可以确保内部网络中所有的计算机都接受过安全检查。

在免疫网络中可以进行操作系统的升级和反病毒软件的病毒特征库文件的升级等操作，因此极大提高了系统的安全性。

图2-29 DMZ

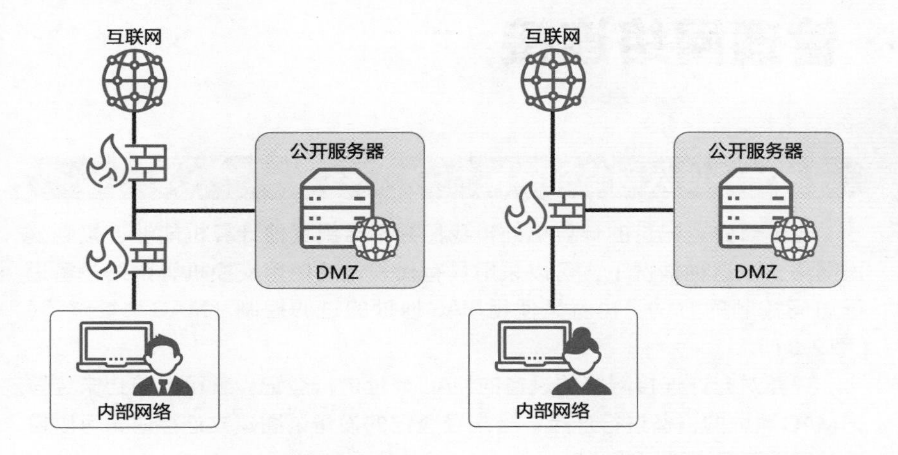

图2-30 免疫网络

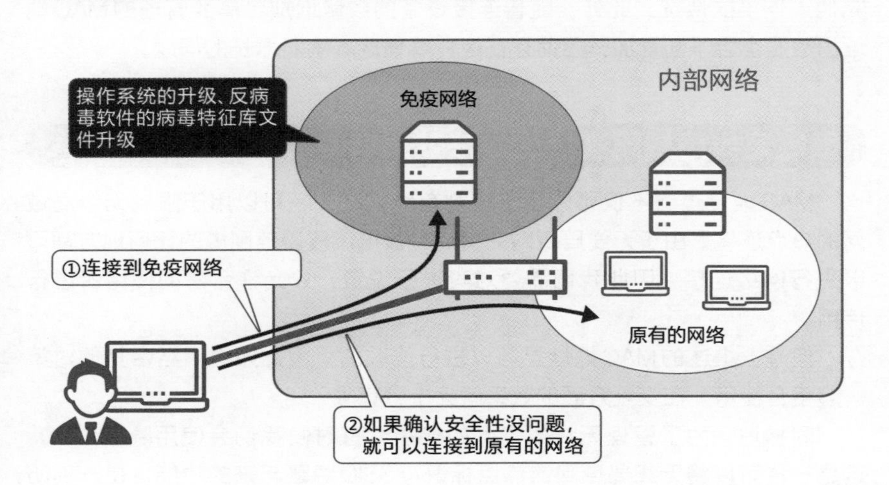

知识点

- 使用 DMZ，可以将与互联网等外部进行通信的服务器与内部网络进行隔离。
- 我们应当避免将安全性低的计算机直接连接到内部网络，可以通过先连接到免疫网络的方式来提高安全性。

» 管理网络连接

限制允许接入网络的终端

除了事先登记过的计算机外，我们并不希望其他计算机能够连接到公司网络。在这种情况下，可以采用具有代表性的使用交换机等网络设备进行访问控制的方法，也就是使用MAC地址的过滤控制（**MAC地址过滤**）（**图2-31**）。

只要对允许连接网络的设备的MAC地址进行登记，就可以防止未经登记MAC地址的设备进行连接。当未经登记的设备试图建立连接时，可以自动禁用用于建立连接的端口。

但是，由于**使用工具修改MAC地址是很容易的事情**，因此可能存在冒充他人连接的情况。此外，随着连接设备的数量增加，需要管理的MAC地址的数量也会不断增加，因此存在运营管理成本不断增长的问题。

限制无线局域网连接的做法效果有限

MAC地址过滤不仅可以用于控制有线网络，还可以用于限制无线局域网的热点连接。由于无线局域网的特点是在电波覆盖范围内的任何地方都可以进行网络连接，因此我们需要对其进行设置，只允许合法的使用者进行使用。

但是，上述的MAC地址是可以进行修改的，因此如果不结合其他对策一起组合使用，在安全方面的效果就会十分有限。

同样地，为了管理无线局域网的连接，有时候我们会使用**隐藏SSID**。这是一种可以将无线局域网的热点标识符SSID隐藏起来的功能，是一种防止用户错误连接网络的有效手段，但是从提高安全性这一层面来看，效果十分有限（**图2-32**）。当然，也有将被隐藏的SSID显示出来的工具，使用这类工具可以很简单地显示出电波覆盖范围内的热点标识符的一览表。

图2-31 **MAC地址过滤**

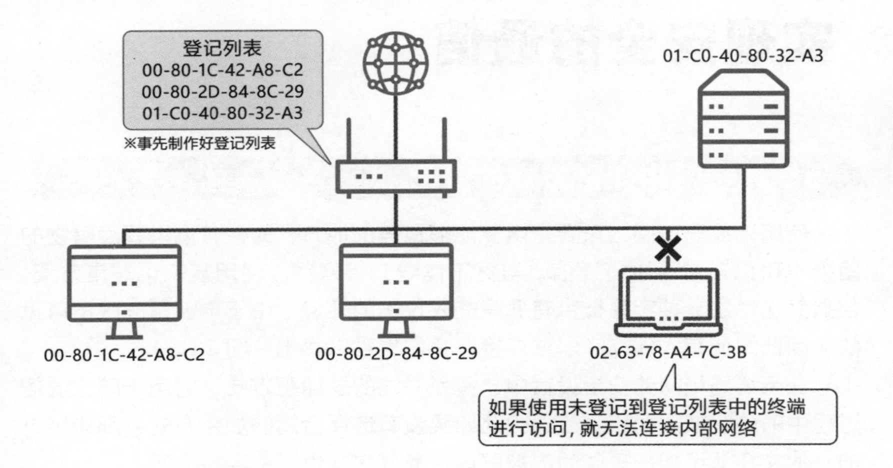

图2-32 **隐藏SSID**

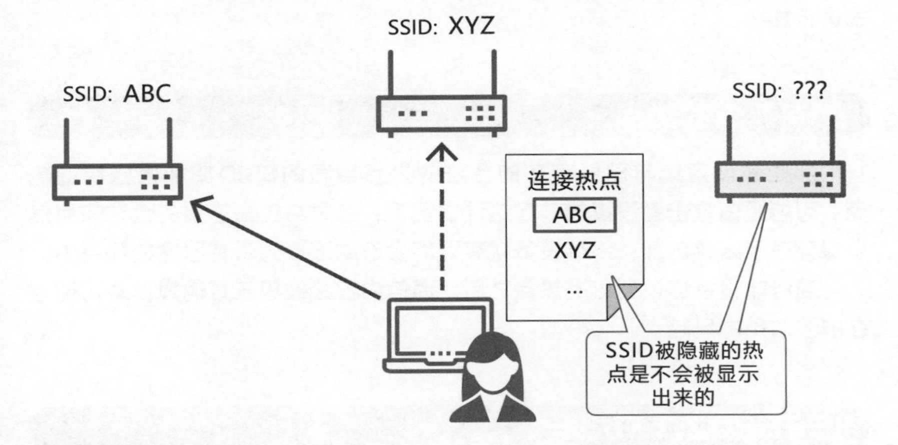

知识点

- 使用MAC地址过滤，可以控制连接网络的设备，连接的设备越多管理就会越困难。
- 在实际运用中需要理解，无线局域网中的MAC地址过滤和隐藏SSID在安全方面的效果是有限的。

» 实现安全的通信

无线局域网中加密方式的变化

使用无线局域网，只要是电波能够覆盖的地方，即使有墙壁等障碍物的阻隔也可以正常地进行通信。虽然不需要连接网线，使用起来也非常方便，但显然这也是一种容易被带有恶意的人攻击的环境。由于电波是肉眼不可见的，因此即使有人建立了非法连接，我们也难以察觉（**图2-33**）。

在无线局域网的安全设置中，备受关注的是**加密方式**。它用于防止通信过程中的内容被窥探和篡改，因此如果没有选择合适的加密方式，那些经过加密的文章就可能在短时间内被解读，通信内容也可能会被窃听。

以前，最为常用的是一种名为WEP的加密方式，由于研究者发现这种加密方式可以在短时间内被破解，因此目前推荐使用**WPA**或**WPA2l**加密方式进行加密。

带有恶意的热点

那些被设定成与已经存在的合法的热点相同的SSID或加密密钥的热点，可能是由攻击者设置的。在这种情况下，如果将过去连接的合法热点信息保存在了终端内部，终端设备就有可能会自动连接到带有恶意的热点中。

当终端设备连接到这类热点之后，通信内容会被第三方偷窥，就可能存在被人滥用的风险。

IEEE802.1X认证

IEEE802.1X认证是用于限制连接到局域网的终端的认证规范。由于需要准备认证设备和认证服务器，因此安装和导入的方法比较麻烦，但是如果企业需要限制连接终端，这是一种十分有效的对策（**图2-34**）。它不仅可以用于无线局域网，也可以用于有线网络。

图2-33 无线局域网安全中需要考虑的威胁

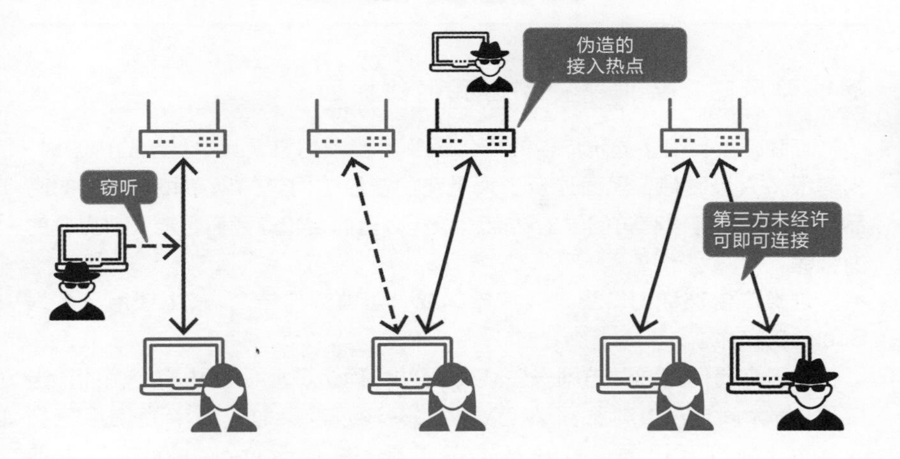

图2-34 IEEE802.1X认证

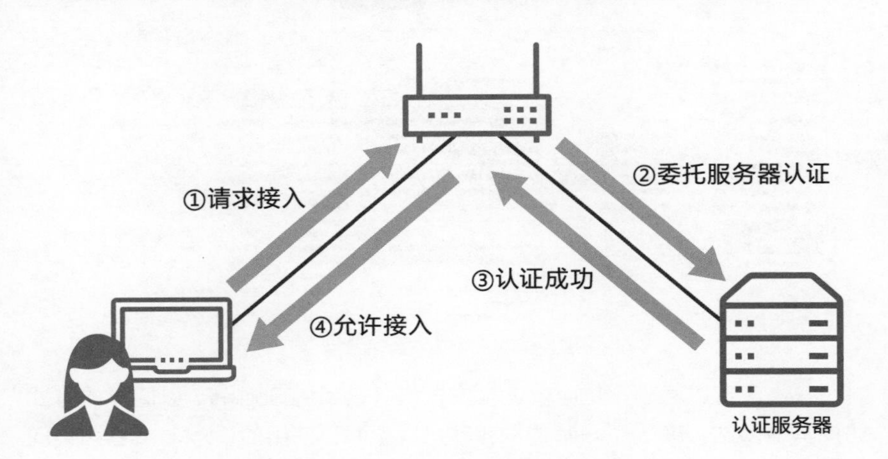

知识点

- 对无线局域网的通信进行加密可以使用WPS、WPA、WPA2等加密方式，目前推荐使用WPA或WPA2进行加密。
- 要限制允许连接的终端设备，使用 IEEE802.1X 认证是比较稳妥的方式。

开始实践吧

理解显示的广告似乎很了解我们的原因

互联网上有很多显示广告的Web网页。当我们查看其中显示的内容时，相信很多人会震惊，里面显示了大量我们曾经访问过的网站和感兴趣的商品。明明是以前没有访问过的站点，为什么它们会知道我们可能会感兴趣的内容呢？

这类广告被称为“重定向广告”或“再营销广告”，其中使用了名为Cookie的技术。

接下来我们将尝试访问一些Web网站，确认Cookie的内容。例如，当使用Chrome的Web浏览器访问Yahoo! JAPAN首页时，通常会使用下列Cookie（请打开页面，打开开发者工具，并显示Application选项中的Cookies)。

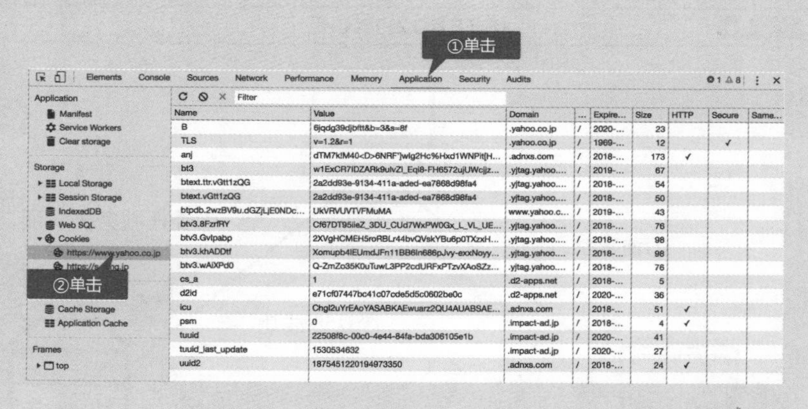

从上图可以看到，其中包含了广告服务公司的Cookie。以同样的方式访问其他网站，确认Cookie的内容就可以看到，使用的Cookie域名与访问的域名不同，通过这种方式可以很容易地看出不同网站投放广告的机制。

第3章

计算机病毒与间谍软件——从计算机感染病毒到大规模发作

» 恶意软件的种类

现实中存在大量不同类型的“计算机病毒”

近年来，人们通常将带有恶意性质的软件统称为**恶意软件**。计算机病毒可分为寄生在其他程序中运行的**病毒**（**图3-1**）、独自进行自我繁殖的**蠕虫**、伪装成正常程序并且不进行自我繁殖的**特洛伊木马**、窃取信息的**间谍软件**等。

将上述病毒、蠕虫和特洛伊木马称为“广义的病毒”（**图3-2**）。接下来将对“狭义的病毒”，也就是使用了宏或脚本的病毒进行介绍。

例如，在Word或Excel中使用宏来实现自动完成原本需要手动输入的操作，但是如果滥用这一功能，就可能会被用于执行具有破坏性的处理。这类文件被称为**宏病毒**，有时只需要文件被打开，这些宏病毒就会开始执行。除此之外，还有利用可执行Adobe Reader等脚本的软件中存在的漏洞，诱使我们打开那些乍一看没有任何问题的PDF文件，来传染计算机病毒。

能独立执行的“蠕虫”与能隐匿踪迹的“特洛伊木马”

不像计算机病毒那样需要依赖其他软件，且具有独立执行能力的软件被称为蠕虫。它通过网络感染其他计算机，并对自身进行复制。在某些情况下，仅仅只是连接到互联网，就可能感染其他计算机。

特洛伊木马虽然看似是一个有用的程序，但是实际上它是专门用于窃取信息的软件。由于普通的用户很容易将其与正常的程序混淆，因此可能会不小心就下载和执行这类木马程序。虽然它不像蠕虫那样会感染其他计算机，但是一般会被用于**后门程序**（在2-6节中已经讲解过）中。

图3-1 计算机病毒的种类

日本经济产业省《计算机病毒对策基准》中对病毒的定义

指有人蓄意创建的用于损害第三者的程序或损害数据库的程序，且具备下列任意一项或多项功能的病毒	
自我传染功能	通过自身具备的功能将自己复制到其他程序中，或者使用系统功能将自己复制到其他系统中，从而使其他系统感染病毒的功能
潜伏功能	使计算机记住病毒发作的特定时刻、一定的时间、处理次数等条件，直至病毒发作之前都不会出现症状的功能
发作功能	破坏程序和数据等文件，使程序执行有悖设计者意愿的动作等功能

图3-2 恶意软件的分类

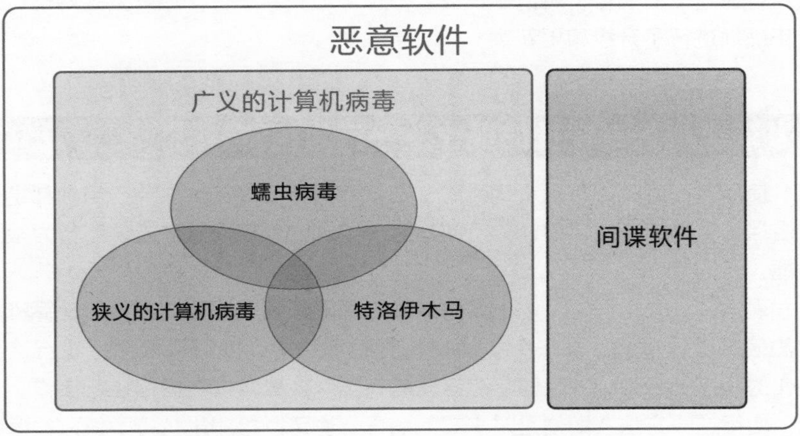

恶意软件

广义的计算机病毒

蠕虫病毒

狭义的计算机病毒

特洛伊木马

知识点

- 计算机病毒可以分为“广义的病毒”和“狭义的病毒”两类，近年来还会经常使用“恶意软件”这一称谓。
- 在经济产业省对计算机病毒的定义中，蠕虫具有“自我传染功能”，特洛伊木马则具有“潜伏功能”。

» 防御计算机病毒的标准做法

反病毒软件必须及时更新"特征库文件"

反病毒软件的厂商会收集现有的计算机病毒，并将该病毒具有的文件特征作为**特征库文件**（**病毒特征库文件**）提供。反病毒软件通过将发现的病毒与该特征库文件进行对比和检测，并发出警告或将其删除（**图3-3**）。

可想而知，计算机病毒的创建者当然会创建全新的且与特征库文件不相符的病毒来进行攻击。而反病毒软件的厂商则会针对新的病毒及时更新特征库文件。

虽然这是一个不断重复的过程，但是为了应对最新的计算机病毒，使特征库文件时刻保持在最新的状态是极为重要的。因为如果不进行更新，就无法对付最新型的病毒，所以不仅需要进行自动更新设置，还需要定期确认是否正确地进行了升级和更新。

发现类似病毒特性的操作——行为检测

使用特征库文件来检测病毒时，在获取到特征库文件之前，用户都是无法阻挡计算机感染病毒的。为了改善这一问题，反病毒软件提供了**行为检测**功能。

通常，计算机病毒会以**一定的时间为间隔访问服务器**，或者**对计算机内部的信息进行查询**（**图3-4**）。通过行为检测功能，就可以检测出执行这类操作的程序的行为，并及时制止这些具有类似病毒特性的程序执行操作。

使用这一方法，即便是对未知的病毒，也可以检测出执行类似以往病毒的动作的程序，并停止执行。由于行为检测功能还会将执行类似病毒动作的正常的程序检测出来，因此具有检测误判率较高的缺点。

图3-3 特征库文件

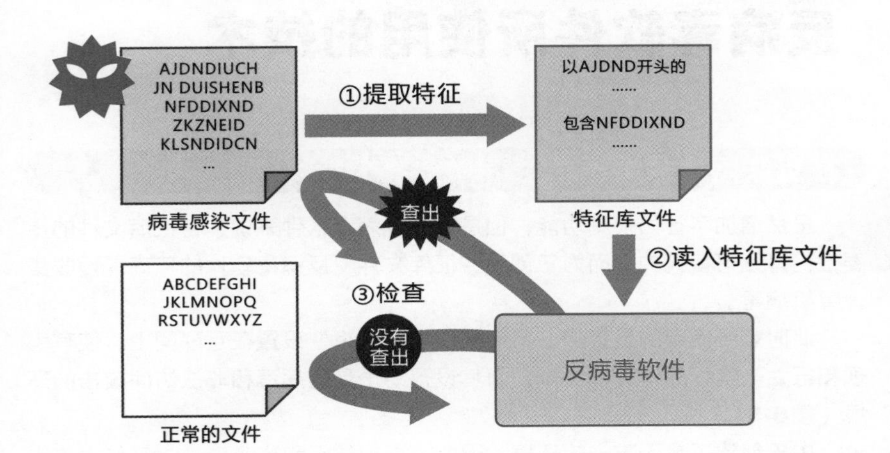

图3-4 普通病毒的动作

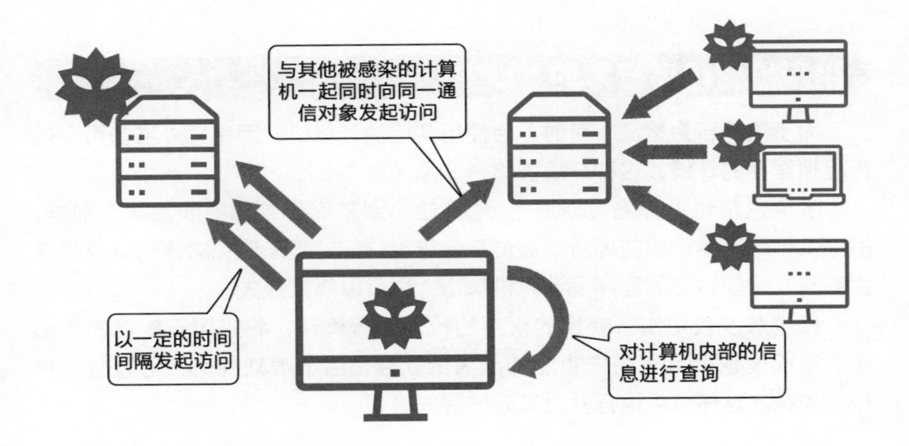

知识点

- 反病毒软件的特征库文件中汇总了病毒特征，因此要时常保持在最新状态。
- 为了对付未知的计算机病毒，反病毒软件厂商还为反病毒软件增加了行为检测功能。

》反病毒软件所使用的技术

在互联网上放置诱饵

虽然增加了行为检测功能，但是对于反病毒软件来说，特征库文件的重要性仍是无可替代的。而为了创建特征库文件，反病毒软件的厂商需要收集计算机病毒。

此时需要使用的是**蜜罐**。将蜜罐作为“诱饵”设置在互联网上，使其表现和行为与实际的计算机类似，为其设置易于受到病毒和非法访问攻击的环境（图3-5）。

由于创建了易于攻击的环境，因此病毒创建者和攻击者会将其作为攻击的目标。通过这样的方式，使一种没有实际使用的环境看上去像“真的系统”，并对遭受到的**攻击和病毒进行收集**，以便创建病毒的特征库文件。

用于检测程序行为的“沙盒”

为了进行行为检测，有时不会使用实际的计算机，而是另外准备可以执行虚拟程序的环境，这种环境被称为**沙盒**（图3-6）。

沙盒通常也被译为“沙池”，就像让小朋友们在公园的沙池玩耍那样，指提供一个安全玩耍的场所。通过在沙盒上执行处理来避免对原有计算机产生影响，即使对方的程序是计算机病毒，也可以降低损失。

通过对沙盒中执行处理的程序的行为进行确认，将其用于病毒的检测中。市面上也有具有同样功能的反病毒软件，当下载软件时，可以暂缓执行，先在沙盒环境中执行并对其动作进行确认。

图3-5 蜜罐的作用

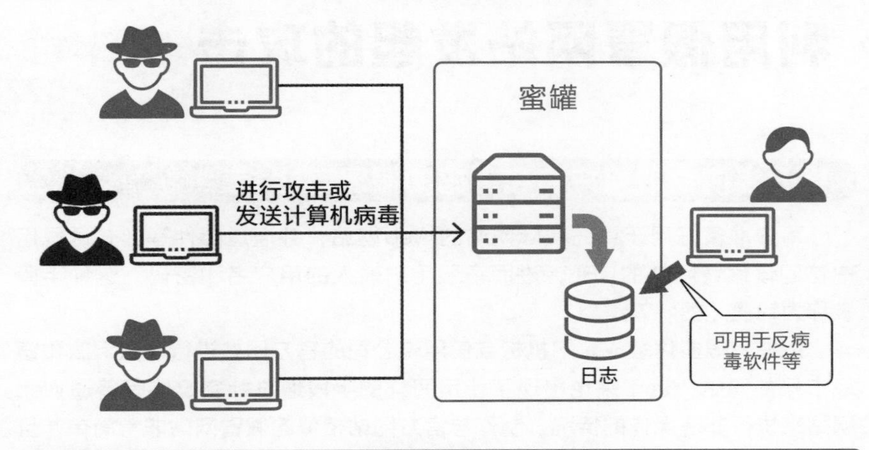

图3-6 沙盒的作用

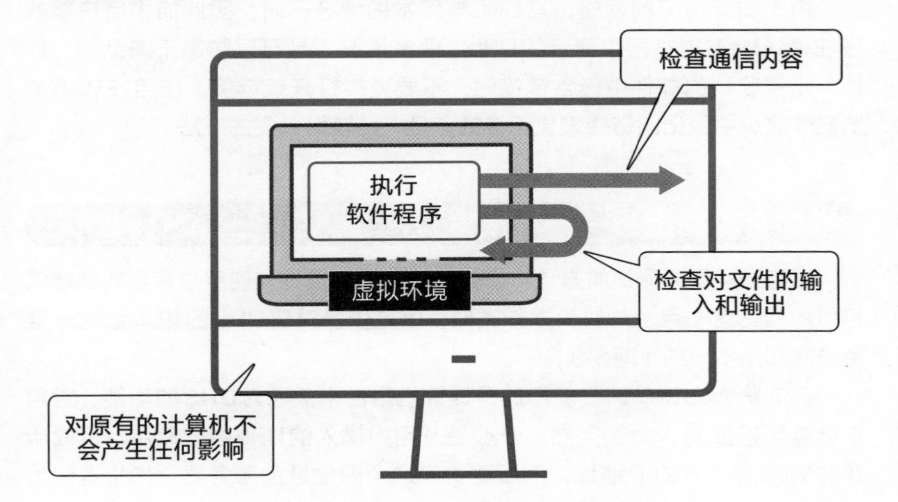

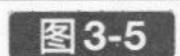

知识点

- 使用蜜罐可以很方便地收集计算机病毒及其攻击方式等信息。
- 使用沙盒，可以在不影响原有计算机运行的情况下，对程序的行为进行分析。

» 利用假冒网站发起的攻击

当心专门窃取用户名和密码的假冒网站

事先准备好用于冒充实际网站的Web网站，并通过邮件等形式诱导用户访问该假冒网站的URL，进而窃取用户输入的用户名和密码。这种手段被称为**钓鱼**（图3-7）。

以往有很多伪装成金融机构或信用卡公司的官方网站进行非法汇款和窃取卡号的网站，近年来也出现了使用同样的手段通过社交媒体等普通Web网站来执行非法操作的情况。制作与官方网站相似的假冒网站非常简单，且其具有难以被发现的特点。

由于实际访问的网站，其URL与原本的域名不同，因此如果用户能够仔细确认Web浏览器中显示的URL，很多情况下是可以防患于未然的。此外，当接收到的邮件中包含链接时，不要直接打开该链接，使用在Web浏览器收藏夹中登记的链接来显示该站点是一种较为稳妥的方法。

谁都有可能上当——域欺骗

还有一种冒充网站的方法，也就是**域欺骗**。虽然在使用与真实网站非常相似的网站这一点上与钓鱼欺诈类似，但是**偷换对应URL的IP地址**这一准备步骤却是不同的（图3-8）。

在浏览Web网站时，使用的是计算机后台中被称为**DNS**的功能，它用于检查所连接的Web服务器。一般是从用户输入的URL中获取目标页面所在的Web服务器的IP地址，然后再访问这个IP地址的服务器，如果返回的是假冒网站的IP地址，那么即使是访问正确的URL也会连接到假冒的Web服务器中。

在这种情况下，仅依靠确认URL的方法是很难注意到我们正在访问的网站是假冒的。

图3-7 钓鱼

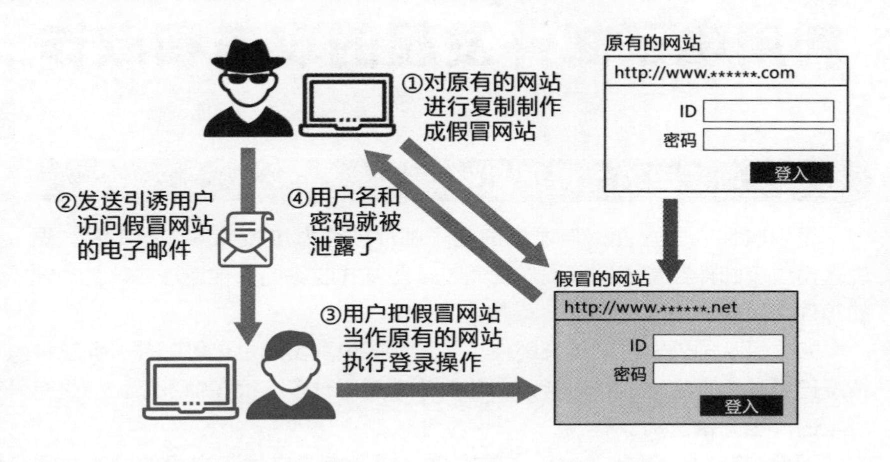

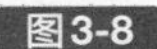

图3-8 域欺骗

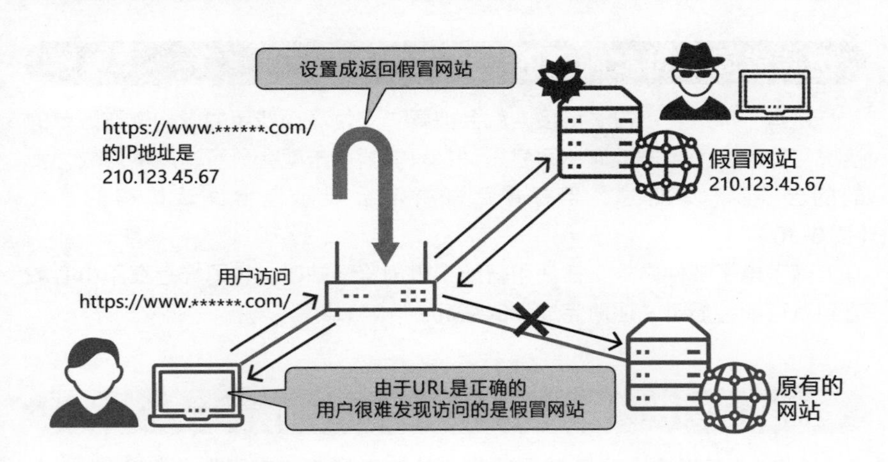

知识点

- 除了金融机构之外，通过社交媒体等普通网站来进行钓鱼欺诈的情况也正在增加。
- 如果实际使用的 IP 地址被域欺骗的行为所偷换，那么我们将很难察觉到正在访问的网站是假冒的。

» 利用电子邮件发起的攻击和欺诈

收到大量无用的“垃圾邮件”

无视收件人的意愿擅自发送的电子邮件被称为**垃圾邮件**（**图3-9**）。据说这类垃圾邮件经常被批量发送到通过某些方式收集的邮件地址或随机创建的邮件地址中。

如果是从国外发送的英文邮件，马上就能识别出这是垃圾邮件，而这种情况已经发生了变化。针对特定企业的攻击越来越多，很多情况下即使是有经验的人也无法识别。

因此，有时查看邮件附件中的文件，或者点击文件正文中的URL也可能会感染计算机病毒。

伪装成同意付款画面的“点击欺诈”

还有一种只是点击了链接，就会被要求支付高额费用的虚构欺诈账单的情况，这被称为**点击欺诈**。顾名思义，只需要点击就会显示“感谢您成为我们的会员！”等信息，但是最后却并不会显示包含确认按钮的画面（**图3-10**）。

除了电子邮件之外，在使用智能手机浏览网站时，也同样存在不小心触碰到就可能会显示“注册完成”的情况。

最新的趋势是“商务邮件欺诈”

自2017年以来，大家议论得最多的欺诈是冒充实际的业务合作伙伴，发送转账账户变更通知邮件的**商务邮件欺诈**（**图3-11**）。

由于这是**事先已经对原本的业务合作伙伴和来往邮件的内容以及收件人的姓名和地址进行了研究再发送的邮件**，因此邮件中通常会包含与真实信息高度相似的内容。虽然内容类似于通过电子邮件进行转账诈骗，但是有必要防范这类欺诈，可以通过电话等其他联系方式与真正的联系人进行确认来避免造成财产损失。

图3-9 垃圾邮件

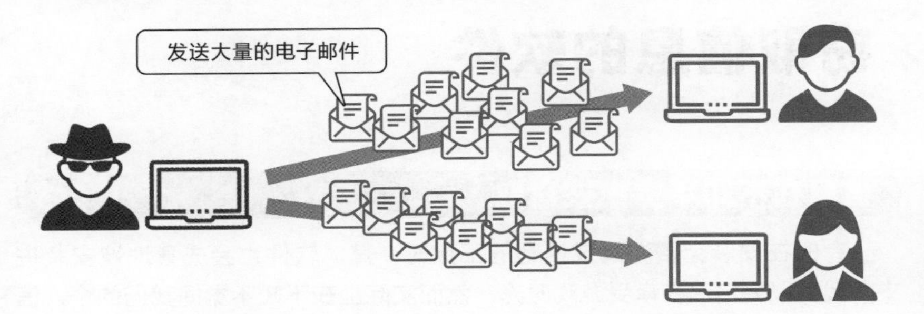

图3-10 点击欺诈

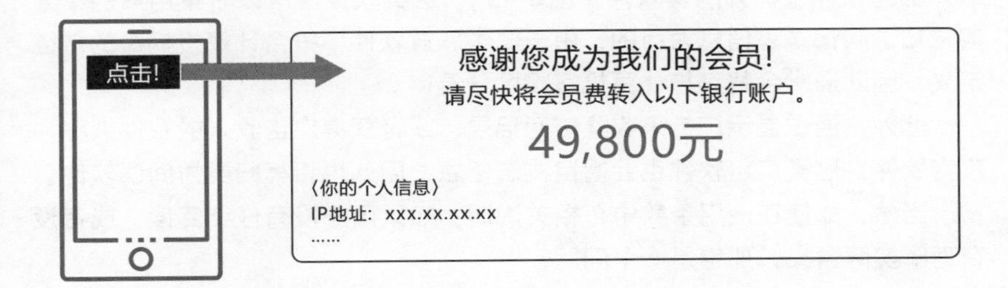

图3-11 商务邮件欺诈

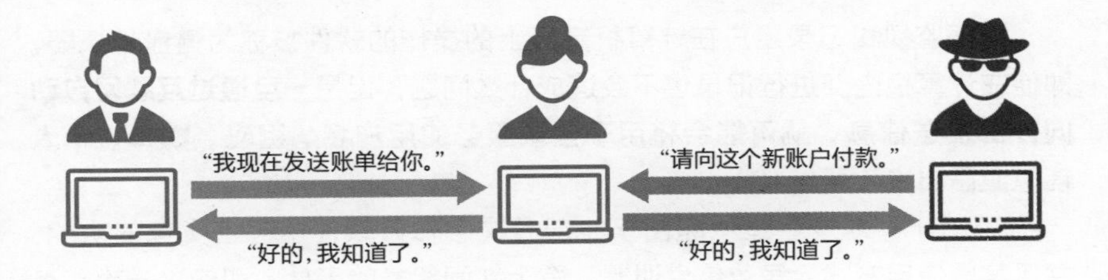

知识点

- 内容特别讲究而且让人难以识别的垃圾邮件变得越来越多 。
- 防范点击欺诈的要点是即使点击进去了也请无视，不要搭理即可。
- 冒充业务合作伙伴的商务邮件欺诈成了热门话题。

» 窃取信息的软件

信息在不知不觉中被窃取

有时在安装免费游戏或便利的工具时，其他软件也会成套地被安装进来。我们以为自己在享受游戏时光，然而实际上在不知不觉间我们的个人信息已经被发送到了外部。

在这种情况下，将用户名和密码，以及计算机中保存的照片等信息发送给外部的软件被称为**间谍软件**（**图3-12**）。这类软件通常以收集用户的个人信息和访问记录等信息为目的，由于此类恶意软件不符合计算机病毒的特征定义，因此通常会将其与计算机病毒区分看待。

此外，通过显示广告来收集访问记录，或者获得广告收入的软件被称为**广告软件**。这类广告软件也会擅自发送信息，因此也将其归类为间谍软件。

当然，即使在使用条款中有相关说明，如果用户没有仔细阅读，或者没有理解实际含义，那也是一个问题。

用户在键盘上的输入彻底被暴露——键盘记录器

用于监视和记录用户在计算机键盘上的操作的软件被称为**键盘记录器**。即使在计算机内部进行记录也不会造成什么问题，但是**一旦通过互联网自动向外部发送信息，就可能会将用于登录服务的用户名、密码、URL、个人信息泄露出去**（**图3-13**）。

2013年，就发生过一起由于一部分文字输入软件中包含类似的功能，并且某些使用方式会导致信息泄露，登上新闻头条的事件。即使这一功能有助于提高文字输入法的转换效率，但是某些使用方式会存在泄露个人信息的风险，当时还是引起了普通用户的恐慌。

图3-12 间谍软件

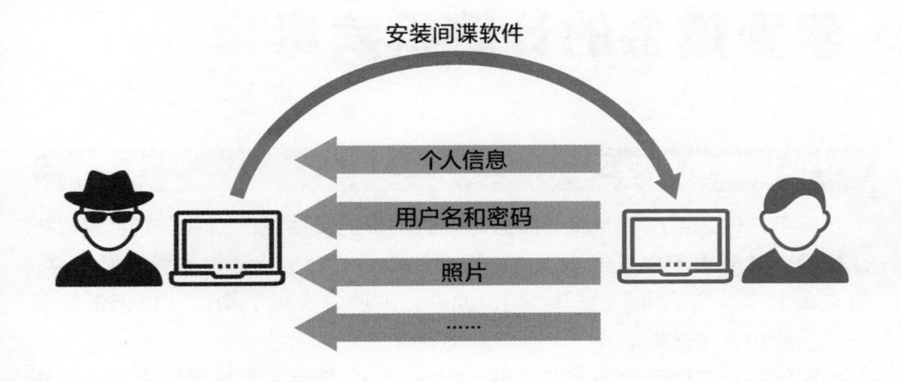

图3-13 键盘记录器

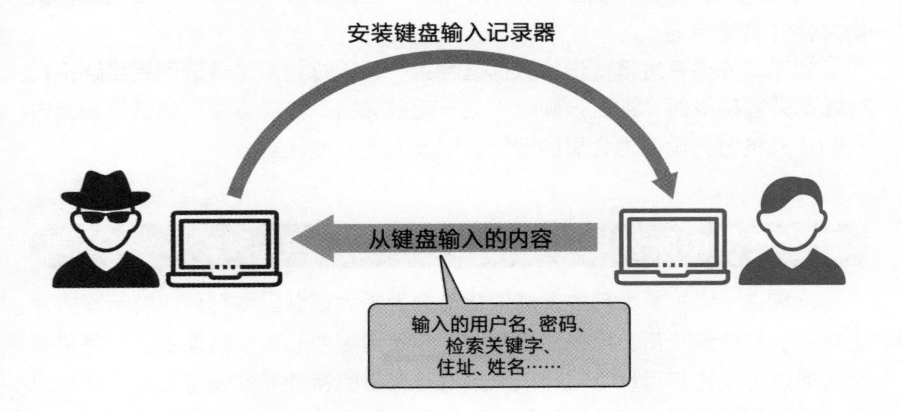

知识点

- 在安装免费软件时，如果不确认使用条款等内容，也可能会被擅自安装间谍软件。
- 即便是很方便的软件，也会存在自动弹出广告，或者将从键盘输入的内容发送给外部的问题，因此在安装软件时需要留意。

» 索要赎金的计算机病毒

文件被恶意加密

利用软件或系统的漏洞，擅自对计算机中的文件进行加密，或者设置特殊权限，并要求用户支付相当的费用才能恢复原状的病毒被称为**勒索软件**，日文译为“赎金病毒”(**图3-14**)。此外，即便是支付了费用，也无法保证一定能成功恢复数据。

想要在不支付赎金的情况下进行恢复，可以使用在系统初始化之后，从备份文件中恢复数据的方法。虽然针对某些勒索软件，已经有公开的无须支付费用也可以恢复文件的工具(**图3-15**)，但是基本上还是需要实施**制作备份文件**的防范措施。

如果事先没有进行备份，数据就会丢失，不过如果是备份到始终连接在终端的外部硬盘时，那么该硬盘也会一起被加密。当病毒感染蔓延至公司内部的计算机时，危害将会更加严重，因此需要多加注意。

赎金支付中所使用的比特币

近年来，以投机为目的的**虚拟货币**成为重大话题，特别是比特币屡屡冲上热搜。与传统货币、电子货币不同，它不需要中心化的管理者，并且具有个人通过指定比特币地址就可以直接进行交易的特征。这使得汇款费用比以往任何时候都便宜，并且因为无法确认用户的个人身份，具有高度匿名性的特点，这也是其受到广泛关注的原因之一。

而攻击者就是利用了这一高度匿名性的特点，将比特币等虚拟货币用到了与勒索软件进行的赎金交易中。由于难以确定汇款地址，因此**攻击者能够以低成本和低风险的方式接收赎金**。

图3-14　勒索软件

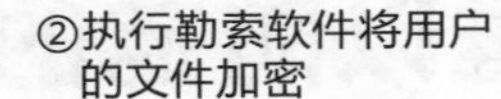

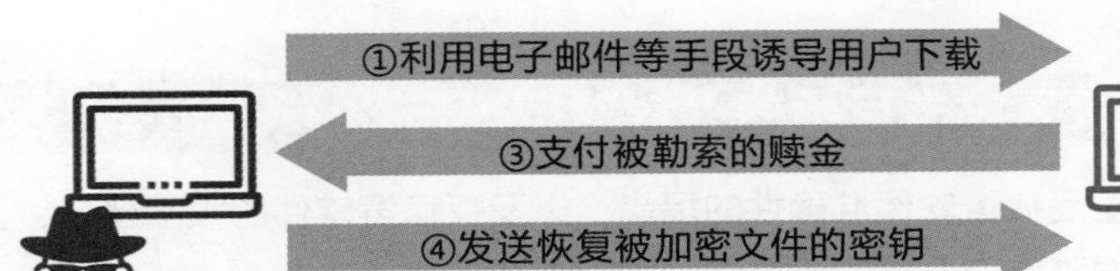

图3-15　针对部分勒索软件提供恢复用的工具NO MORE RANSOM

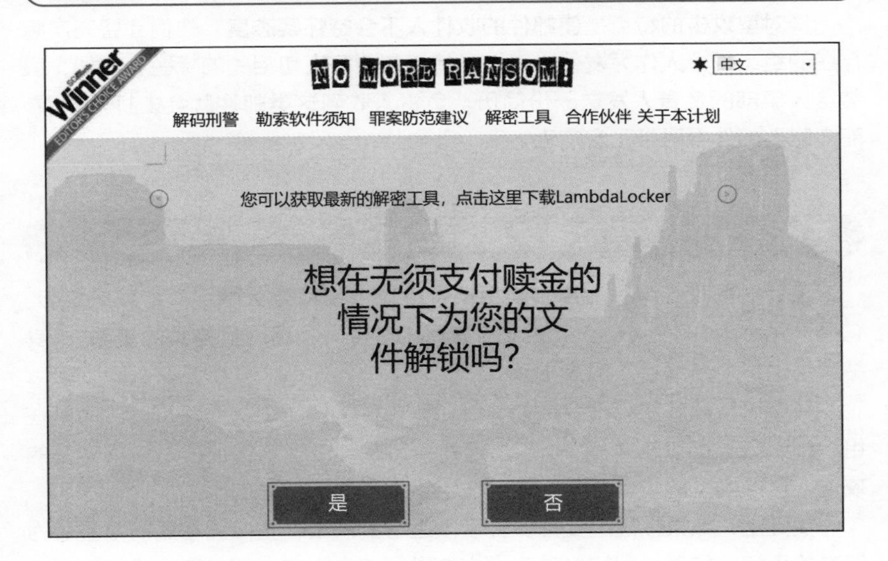

知识点

- 要避免感染勒索软件带来的损失，就必须对数据进行定期备份。
- 市面上存在专门针对某些勒索软件的数据恢复工具。
- 攻击者为了避免被追查到赎金汇款地址，有时会使用比特币进行交易。

» 难以防范的针对型攻击

以特定组织为攻击目标的"针对型攻击"

近年来随着反病毒软件准确性的提高，以及反病毒软件的大量普及，普通计算机已经很难感染一般的病毒。

因此，针对特定的组织，通过使用该组织常用的邮件进行通信来获取信任的攻击变得越来越多。这种攻击方式被称为**针对型攻击**，其中使用的是反病毒软件检测不出来的新型病毒（**图3-16**）。

针对型攻击的特点是**使邮件的收件人不会持怀疑态度**。他们会冒充实际存在的组织或个人作为发件人，以及使用与业务密切相关的标题。例如，假装给人事部的负责人发送一份简历，负责人收到这类邮件就会去打开查看，而实际上邮件中附带了宏病毒。

不断持续的复杂可持续威胁攻击

在针对型攻击中，使用了高级技术的攻击被称为**复杂可持续威胁攻击**。它是Advanced Persistent Threat的缩写，直译为"**高阶且持续的威胁**"。其关键是进行"持续性"的攻击。

复杂可持续威胁攻击会在使用针对型邮件入侵员工的计算机后，隐匿在组织中进行长期攻击（**图3-17**）。因此，比起针对型攻击那样从外部实施的攻击，这种类型的攻击经常会使用**在组织内部窃取信息**的手法。

实际上，如果接连遭受由多种手段组合的攻击，要做到彻底防范是极为困难的事情。如果长期被多种攻击方法进行综合攻击，那么即使组织内部实施了相应的防范措施，也有可能会被新的攻击方法所入侵。此外，如果我们日常都是进行相似的通信，那么还存在很难发觉异常行为的问题。

图3-16 **针对型攻击的示例**

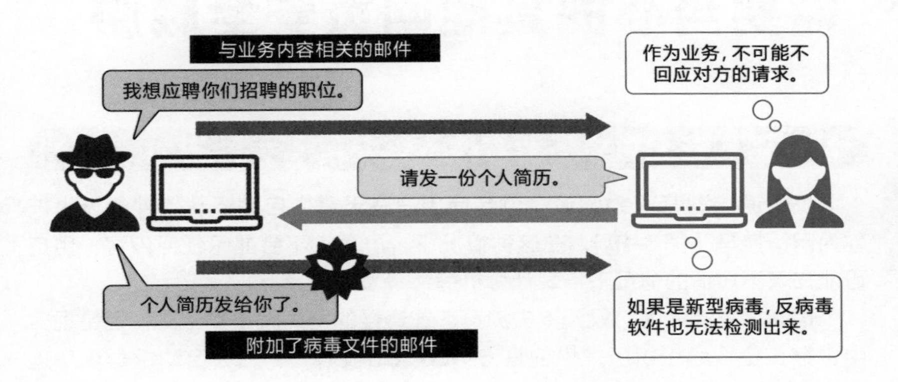

图3-17 **复杂可持续威胁攻击**

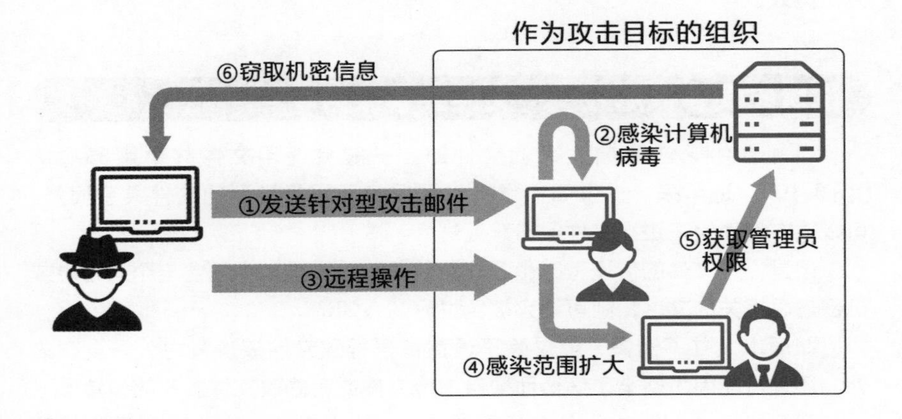

知识点

- 如果是针对型攻击，由于反病毒软件检测不出来，也无法从邮件内容中判断出是否可疑，因此存在较高的感染风险。
- 如果是复杂可持续威胁攻击，那么不仅有可能会感染计算机病毒，而且攻击者还会不断尝试使用不同的方法进行持续攻击，要彻底阻止这些多次进行的攻击几乎是不可能的事情。

» 需要当心的其他网页安全威胁

诱使用户在无意中下载软件

仅仅通过浏览Web网站，就会使用户在无意中自动下载软件的行为被称为**网页挂马（图3-18）**。在这种情况下，屏幕上不会显示任何内容，用户可能在毫不知情的情况下下载计算机病毒等恶意程序。

也许大家会认为，只要不去浏览那些奇怪的网站就是安全的，但是现实中也存在企业等组织所提供的官方Web网站被篡改，它会自动诱导用户连接到恶意网站的情况。

虽然为了预防网页挂马，操作系统和Web浏览器都采取了相应的防范措施，但是仍存在系统漏洞被利用和感染计算机病毒的问题，这些措施有时无法奏效。

设置失误会很危险——文件共享服务

当邮件中无法附加太大的文件时，一般会使用**文件共享服务**功能（**图3-19**）。近年来，提供商们也提供了很多云服务类型的文件共享服务，可以很方便地用来进行文件备份等处理。

但是，大文件的传递有时也会伴随着危险。如果其中包含与个人信息或机密信息相关的文件，则可能会被全世界的人知道。

即便本人并不知情，但是除了设置错误导致文件被设置为公开发布之外，还有可能因为感染了病毒而擅自上传文件或者修改文件发布的设置。

就像当年一时间成为头条话题的Winny软件那样，名为**“文件交换软件”的P2P（点对点）类型的网络也同样需要小心使用**。

图3-18 网页挂马

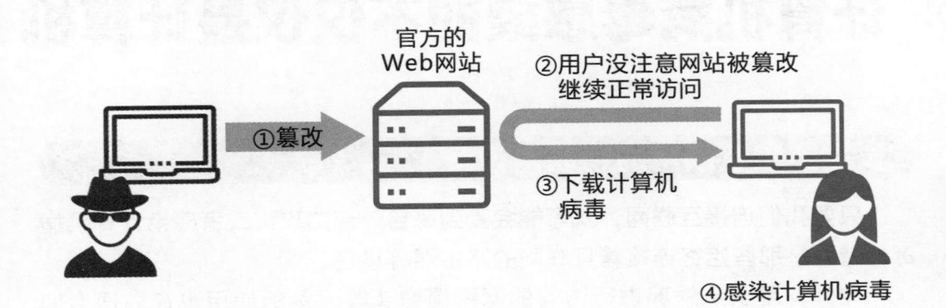

图3-19 文件共享服务

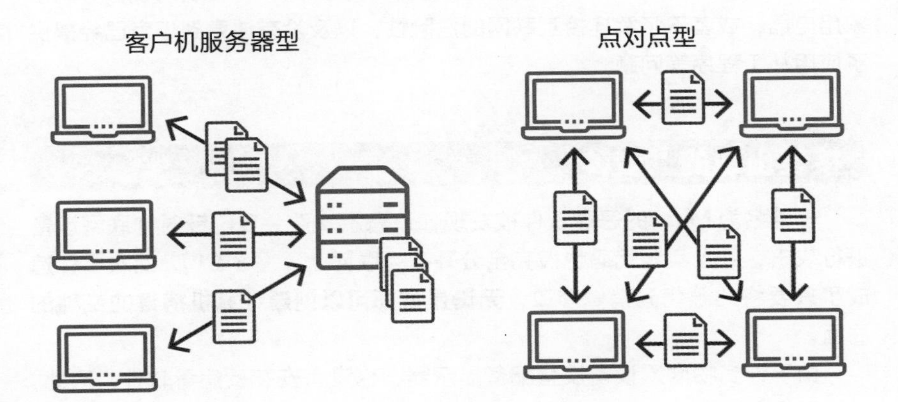

知识点

- 如果遇到了网页挂马，即使未经用户许可下载了软件，用户也可能注意不到。
- 虽然文件共享服务非常方便，但是需要确认是否在无意中设置成了公开共享。
- 在使用文件共享服务或文件共享软件时，必须注意防范个人信息或机密信息的泄露。
- 如果是P2P类型的文件共享软件，一旦公开共享就可能会立即被传播到全世界。

» 计算机病毒感染的不仅仅是计算机

长期连接互联网的物联网设备

只要我们连接互联网，就可能会受到来自外部的攻击或者感染计算机病毒，特别是那些始终连接着互联网的路由器等设备。

此外，用于从外部进行访问的网络摄像头等设备的使用也在急速增加（图3-20）。随着可以很方便地连接到互联网的物联网设备的普及，除了个人计算机和智能手机之外的其他设备感染计算机病毒的情况也时有发生。

根本原因之一是用户的安全防范意识较低。例如，将物联网设备等同于家用电器，或者不了解连接互联网的危险性，以及没有注意到厂家已经提供了应用补丁程序等问题。

接连出现的“变种”

一种名为Mirai的恶意软件被发现，该恶意软件会专门针对物联网设备进行攻击，并且其源代码也被完全公开在互联网上（图3-21）。此次事件造成了只要将此源代码稍做修改，**无论是谁都可以创建计算机病毒的变种**的局面。

由于许多物联网设备没有配备显示器，也没有安装反病毒软件，因此，很可能会在没有注意到已经感染病毒的情况下继续使用这些设备，并且也有可能进一步成为犯罪分子实施外部攻击的帮凶。

可以预见，未来物联网设备的种类还会持续不断地增加，而针对它们的攻击也会变得异常复杂。作为基本的防范措施，针对物联网设备我们需要像针对个人计算机那样**设置更为复杂的密码**，以及及时更新**应用补丁程序**。

图3-20　物联网设备

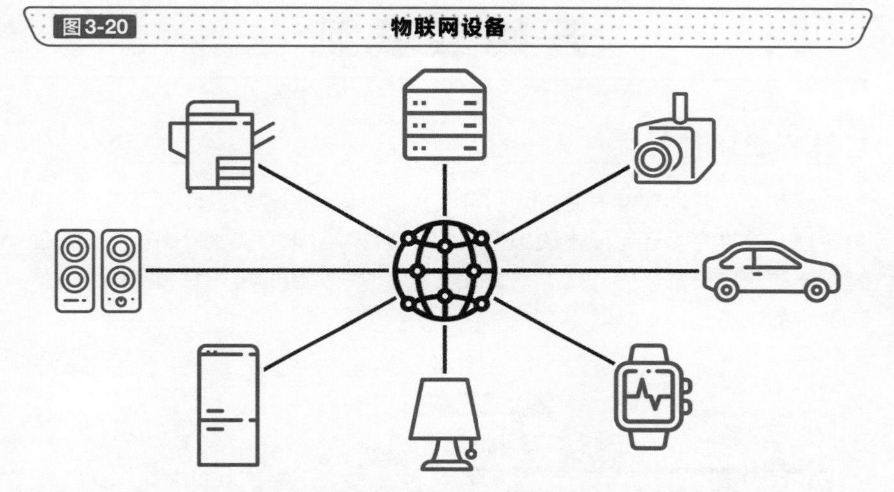

图3-21　使用Mirai僵尸网络的源代码创建恶意程序进行的攻击

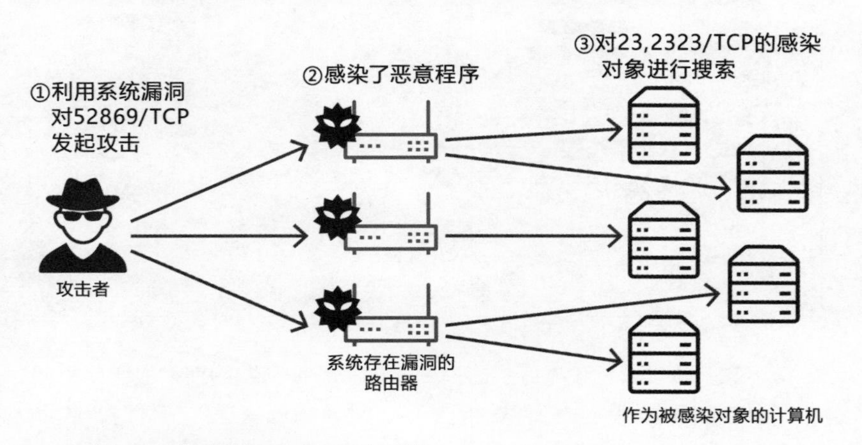

来源：日本警察厅根据《网络测量结果（2017 年）》绘制。

知识点

- 近年来，随着物联网设备的普及，针对它们的攻击也随之增加。
- 针对物联网设备，实施与普通计算机同样的基本防范措施变得非常重要。

开始实践吧

尝试假冒邮件的发件人

修改电子邮件软件的设置，就可以轻松地假冒邮件的发件人。不仅可以更改显示的姓名，还可以更改邮件地址。例如，针对Outlook 邮箱，像下面这样修改账户设置（关键在于不修改收发件时所使用的用户名和密码，只修改显示的姓名）。

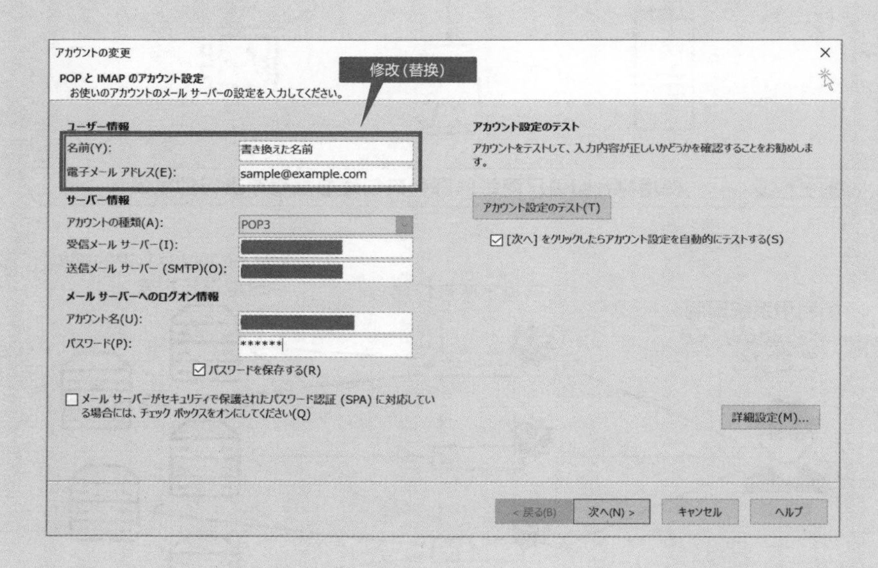

接下来，请尝试从设置好的账户发送电子邮件（发给别人很容易引起误会，所以在此我们将测试邮件发给自己）。请确认回复这封邮件时，收件人地址会发生什么样的变化。

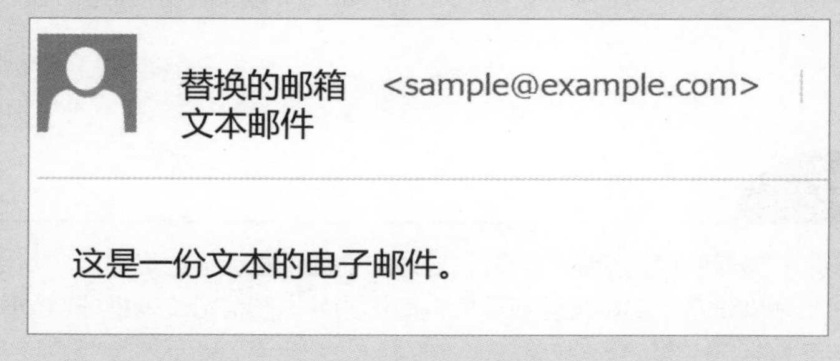

第4章

系统漏洞的防范——

专门针对系统软件漏洞的攻击

» 软件漏洞的分类

软件缺陷与系统漏洞以及安全漏洞的区别

软件出现与设计阶段所预期的动作不同表现的行为被称为**软件缺陷**或**Bug**。既然软件是由人编写的，那么就难以避免地会存在软件缺陷。如果存在软件缺陷，软件自然就不会按照当初设计的方式执行操作，因此哪怕是在正常使用时也会出现问题。

存在于信息安全方面的缺陷被称为**系统漏洞**。如果存在系统漏洞，一般情况下可以正常使用，不会出现问题。而且普通用户很难发现系统漏洞。但是，在“会执行不符合设计的操作”这一层面，通常会将系统漏洞归类于软件缺陷（**图4-1**）。

此外，还有一种与系统漏洞相似的**安全漏洞**。一般是指执行原本不应该执行的操作，或者不应当泄露的信息被第三方看到等软件缺陷。

有时我们可以将这两个术语作相同意思使用，但严格来讲，安全漏洞属于系统漏洞的一部分（**图4-2**）。虽说**安全漏洞也被称为软件的系统漏洞**，但是漏洞不仅限于软件。如果我们对与安全相关的知识知之甚少，有时也会称其为“人的漏洞”。漏洞这一术语也可以用于与人员或业务流程相关的场景中。

站在攻击者的角度来看，利用系统漏洞可以执行非法操作。即使是Windows操作系统、Java、Adobe Flash、Adobe Reader这些我们日常使用的软件，也几乎每个月都会发现系统漏洞，甚至那些在服务器上运行的软件，也被发现存在大量的系统漏洞。

由于开发者知识匮乏或者安全意识较低，会导致软件缺陷和系统漏洞的大量出现，因此开发者**在开发时需要预想可能会遭受的攻击来推进开发**。此外，由于新型的攻击手段层出不穷，因此开发者也需要及时掌握最新的信息。开发者还需要做到防微杜渐，当发现系统漏洞时应及时采取应对措施（**图4-3**）。

图4-1　软件缺陷（Bug）与系统漏洞的区别

软件缺陷（Bug）

本应能够成功登记数据的，但怎么也登不上

单击按钮后显示的画面与用户手册中的描述不一致

本应成功执行的处理无法成功执行

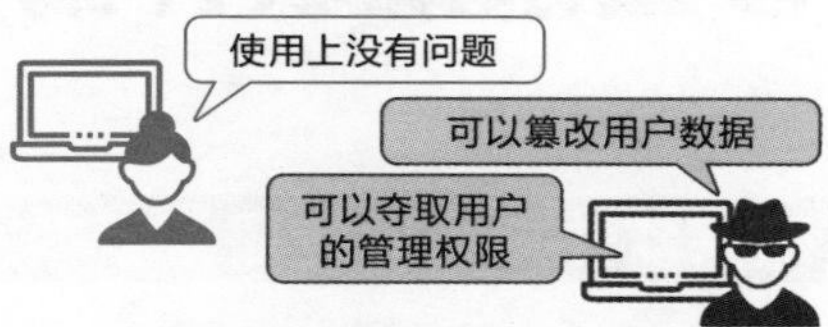

正常的操作虽然没有任何问题，
但是在攻击者看来可以用于执行非法操作

图4-2　软件缺陷与系统漏洞以及安全漏洞的关系

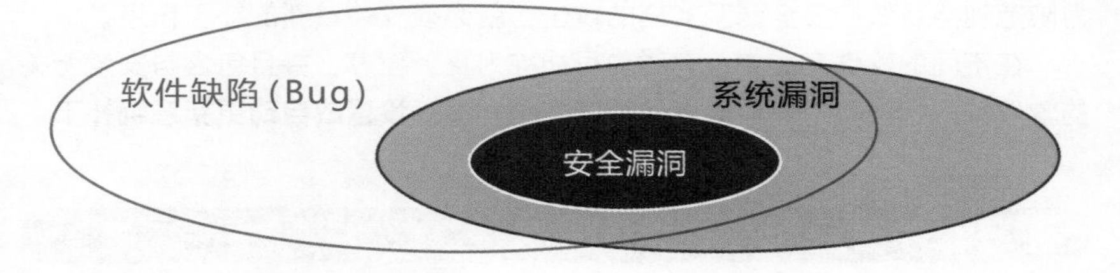

图4-3　发现系统漏洞时的应对措施

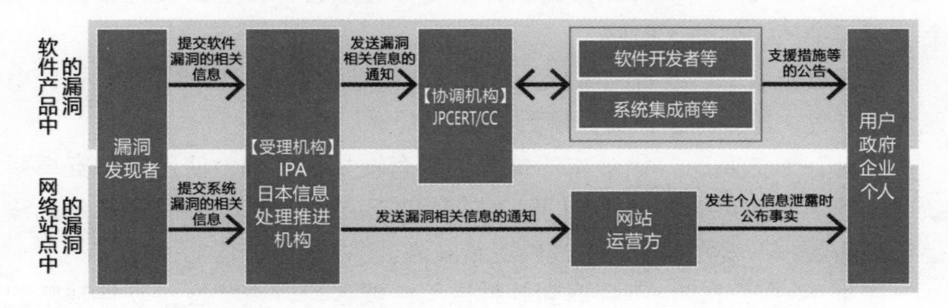

来源：日本经济产业者《脆弱性相关信息处理体制》。

知识点

- 信息安全方面的软件缺陷被称为系统漏洞。此外，不仅软件中会存在漏洞，人类也同样会存在疏忽。
- 由于针对系统漏洞的新型攻击层出不穷，因此即使是以前没有出现过漏洞的软件，也无法确保今后不会出现漏洞。

修正系统软件漏洞

确保软件持续保持最新版本

如果我们使用存在安全漏洞的软件，当遭受攻击时，就会导致信息泄露等严重损失。当安全漏洞被发现时，通常情况下会由开发商发布针对该问题进行修正的**补丁程序**。

补丁程序也被称为**安全补丁**，对其进行安装则称为“打补丁”（图4-4）。为防范利用系统的安全漏洞实施的攻击，就必须安装最新的补丁程序。

在不同的软件产品中，有时也可能称为**更新程序**，并且包含与安全无关的软件缺陷的修复。如果要确保系统安全，最好**设置成自动更新系统补丁**。

注意软件售后服务的截止时间

一般都有厂商为包括操作系统在内的软件提供售后服务计划支持（图4-5）。在此期间，厂商会提供补丁程序等服务，但是当支持服务到期后，就不会再提供补丁程序。

使用最新版本，或者经常更新系统就变得十分重要。智能手机和平板电脑也是如此，需要不断更新到最新的版本。

另外，无法及时升级版本的情况也时有发生。例如，使用的是安卓系统，移动运营商可能会以“专门开发的软件无法运行”“终端性能不足无法运行最新版本”等为理由而不提供更新服务。

如果不进行升级也不会遇到软件缺陷，或者可以避免发生软件缺陷的话，不升级也是没有问题的，但是针对标准浏览器的攻击也时常发生。因此，我们需要密切关注最新的信息，在某些情况下，还需要**采用具有类似功能的其他应用程序进行替代**。

图4-4　补丁程序的示意图

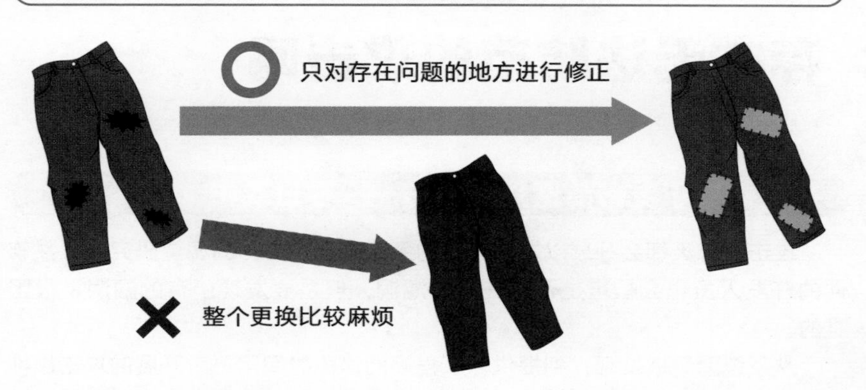

图4-5　售后服务期间的示例（如Microsoft Windows）

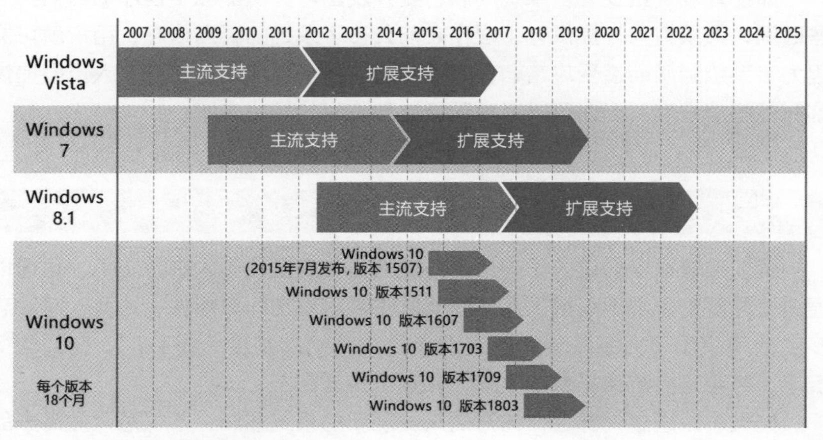

来源：基于《Windows生命周期数值表》绘制。

知识点

- 即使存在系统漏洞通常也是可以继续正常使用的，但是如果受到攻击就会造成信息泄露等损失。
- 建议厂商提供了补丁程序后立即投入使用，最好将系统设置为自动更新。
- 某些智能手机和平板电脑是不提供操作系统和软件的版本更新的。

存在无法防范的攻击吗

在软件补丁发布前遭受的攻击——零日攻击

攻击者每天都会开展以发现软件的系统漏洞为目的的调查研究。虽然软件的开发人员也会检查是否存在系统漏洞，但是要发现所有的漏洞是很困难的。

从系统漏洞被发现，到提供补丁程序的这段时间里，所开展的攻击被称为**零日攻击**（**图4-6**）。也就是说，如果将提供补丁程序的当天看作第1天的话，那么之前的一段时间，就可以看作是第0天。

即使开发人员发现了系统漏洞，要开发出可提供的补丁程序仍然需要一些时间。如果有人在提供补丁程序之前公布了系统的漏洞信息，用户就可能因为该系统漏洞而遭受攻击。在提供正式的补丁程序之前，开发人员会提供临时的解决方案，因此可以考虑采取这种临时的解决方案。

针对系统漏洞发现者的奖励制度

我们不仅可以通过公司内部的开发人员和安全负责人进行防范，也可以通过让外部专家发现系统漏洞来降低发生零日攻击的可能性。为此，越来越多的公司采用了为系统漏洞的发现者提供奖励的制度（**图4-7**）。在某些情况下，甚至还会邀请其参加宴会，并授予荣誉称号。

如果可以通过外部合作的方式来发现新的系统漏洞，不仅可以提高产品的安全性，还有望降低开发系统的人力成本。

对于那些具有网络安全专业知识的人来说，比起通过进行攻击所获得的利益，如果从奖励制度中获取的金钱利益更高，那么引导他们转向到我们作为防守的一方的可能性就会变大。但是，**由于事先未经许可就进行安全检查可能会违反禁止非授权访问相关的法律法规**，因此需要事先明确允许检查的范围。

图4-6　零日攻击

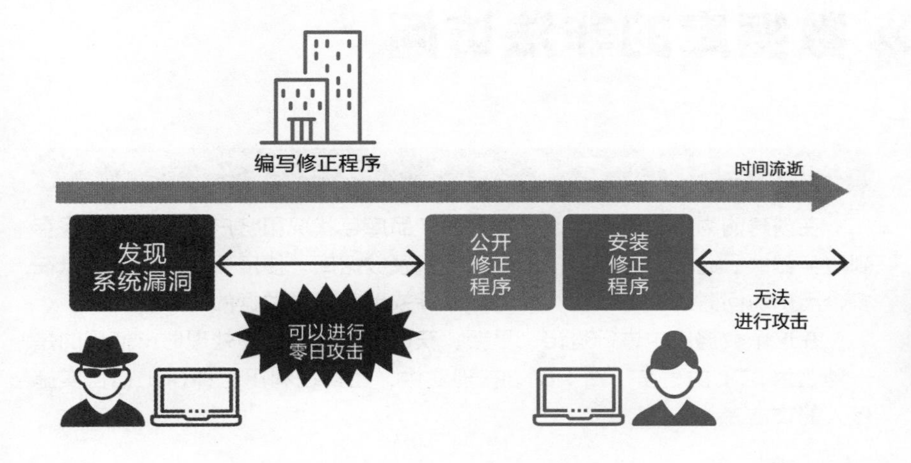

图4-7　奖励制度的运营方法

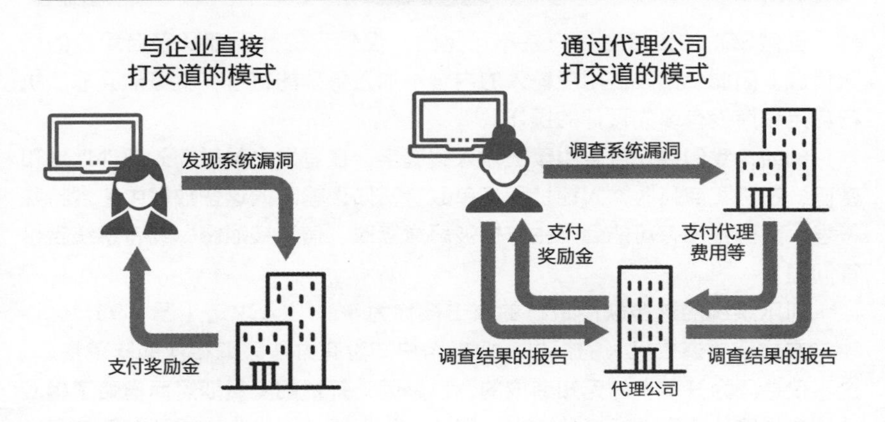

知识点

- 当发现可能会遭受零日攻击的系统漏洞时，在正式的补丁程序发布之前可以考虑采取临时的解决方案。
- 有时可以通过制定奖励制度让公司外部的专家参与进来，共同发现新的系统漏洞。
- 制定适当的奖励制度，或许还有可能得到以往攻击者的协助。

» 数据库的非法访问

数据库与SQL语言

在创建购物网站时，需要将输入的产品库存状况和客户信息等内容保存到服务器端。此时，必须要使用的软件就是数据库。使用数据库不仅可以在多个用户访问时确保一致性，而且可以高效地实现对数据的搜索和处理。

在这个数据库中进行登记、更新、获取、删除数据的处理时，使用的是一种名为**SQL**的语言（**图4-8**）。在现实中，也存在利用这种SQL语言实施侵入的攻击者。

针对数据库漏洞的“SQL注入攻击”

虽然SQL的语法对用户是不可见的，但是它的处理涉及来自用户的输入信息。因此，如果在用户输入的内容中加入特殊的符号，就可能会非法执行应用程序没有事先预计的操作。

例如，我们会在搜索引擎上输入关键字，在登录会员时输入邮件地址和密码，在购买商品时输入地址和订单数量。如果输入的这些数据中包含特殊符号，某些程序有可能会产生数据被恶意篡改、信息被泄露，或者系统宕机等问题。

利用系统的这类缺陷进行的攻击被称为**SQL注入攻击**（**图4-9**），这种攻击方式容易造成极大的损失，但是用户却没有办法采取相应的防范措施。这不仅是因为开发者的无知造成的，也是因为**开发的交货期短而省略了相应的检查步骤**从而导致漏洞的存在。因此，作为服务提供商，需要在系统开发过程中理解攻击的机制，并采取**系统漏洞诊断**（参考4-9节）等措施。

图4-8 在Web应用中使用SQL语言

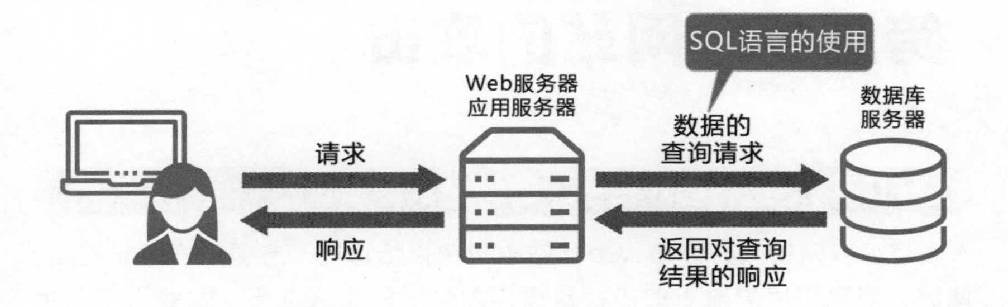

图4-9 SQL注入攻击的示例

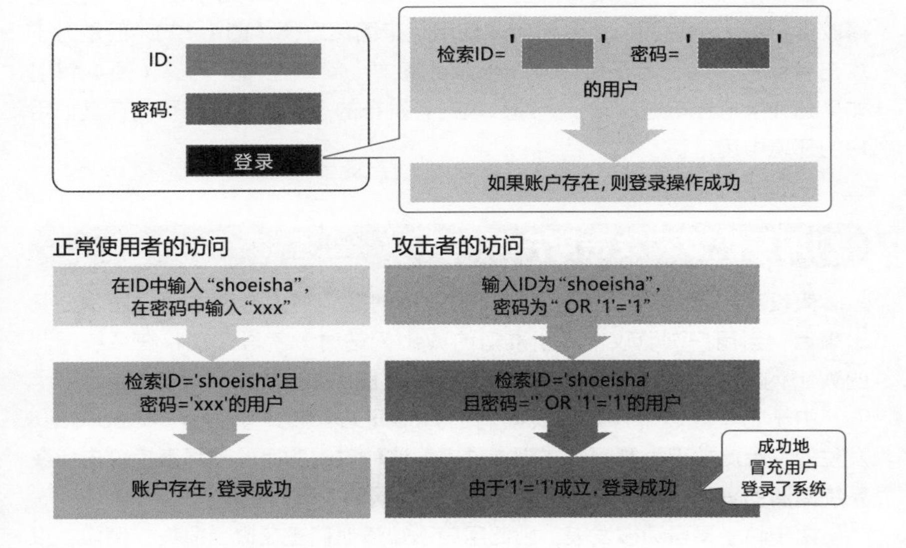

知识点

- 存在SQL 注入攻击的漏洞，但用户也没有可采取的防御措施。
- 开发者需要在理解攻击机制的前提下，实施系统漏洞诊断等措施。

» 跨越多个网站的攻击

通过跨网站进行的攻击——跨网站式脚本攻击

有很多网络服务会在Web网站中设置论坛功能，方便用户发帖交流。此时，如果将用户输入的内容直接作为帖子的正文发布，就会引发安全问题。

其中一个问题就是**跨网站式脚本攻击**（**XSS**※1），如果对用户输入的HTML等文本原封不动地进行输出，就会引发这种问题。

如果允许用户直接发布包含HTML文本的内容，就等于允许用户随意地修改字符的大小和颜色，合法用户使用起来固然方便（**图4-10**），但是对于攻击者而言，这就等于可以发布任意的**脚本**（简单程序）代码（**图4-11**）。如果允许用户发布这类帖子，那么攻击者发布的恶意程序就有可能在其他用户的环境中运行。

利用系统漏洞攻击用户

假设攻击者针对存在系统漏洞的Web网站，将攻击脚本通过发帖公开出来后，当用户浏览攻击者所准备的Web网站时，就导致在存在系统漏洞的Web网站中自动地发布和执行恶意脚本（**图4-12**）。

由于它是跨越“存在系统漏洞的Web网站”和“攻击者的Web网站”发生的，因此被称为跨网站式脚本攻击。这种攻击的目的**不是直接攻击存在系统漏洞的Web网站，而是利用这类Web网站“攻击用户”**。

由于帖子是自动被发表，因此用户不知道他们正在遭受损失。例如，只是点击了电子邮件中的URL，就突然收到了来自购物网站的账单。

※1 XSS：Cross Site Scripting的缩写，虽然可以直接缩写成CSS，但是由于与Cascading Style Sheets 的缩写相同，因此通常会将Cross缩写成X，即XSS。

图4-10 包含HTML的发帖

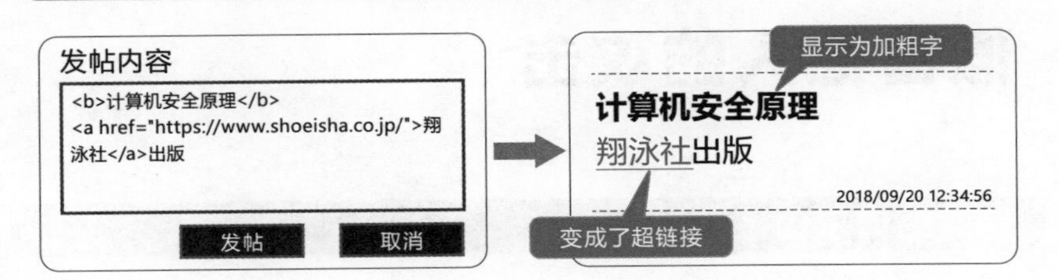

图4-11 包含脚本的发帖

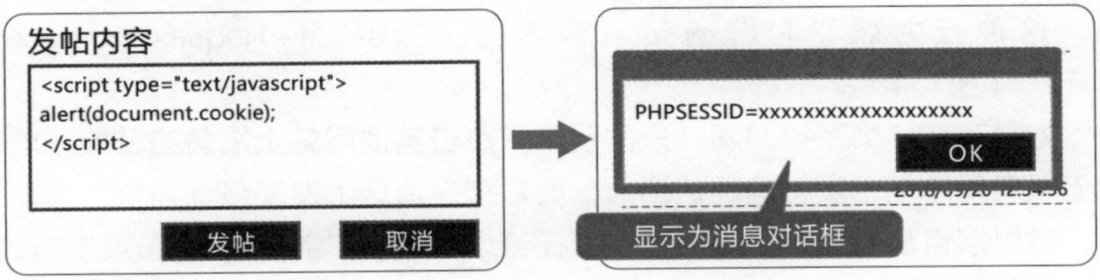

发帖内容

<script type="text/javascript">
alert(document.cookie);
</script>

发帖　取消

PHPSESSID=xxxxxxxxxxxxxxxxxx

OK

2018/09/20 12:34:56

显示为消息对话框

图4-12 跨网站式脚本攻击

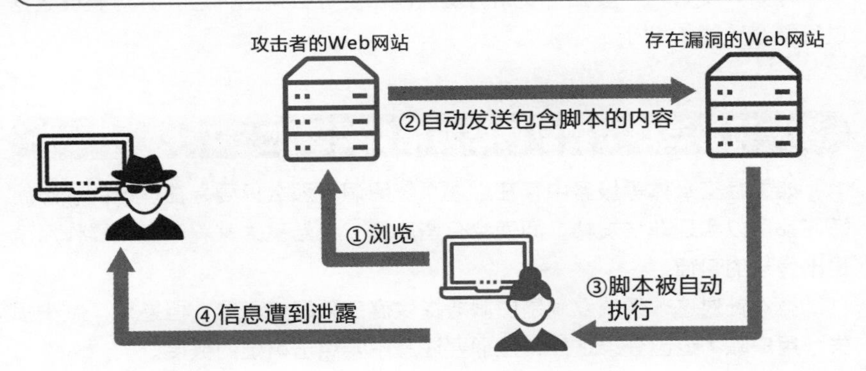

知识点

- 跨网站式脚本攻击是跨越多个网站实现的，通常发生在可以发表包含HTML内容的服务中。
- 如果遭到跨网站式脚本攻击，用户可能意识不到自己的权益正在遭受侵害。

» 假冒他人的攻击

跨网站请求伪造

当我们在论坛上发帖时，用户会将内容输入Web服务器提供的表单。通常情况下会显示确认输入内容的画面，系统只会接受在确认画面中经过承认的内容。但是，如果在这里没有进行正确的检查，恶意程序就可能直接发帖，这种行为被称为**跨网站请求伪造**（Cross Site Request Forgeries，**CSRF**）（**图4-13**）。

如果存在这类系统漏洞，只需要用户**点击其他网站上准备的链接**，就可以无须向用户显示发帖的确认画面，而直接在论坛上发表任意内容。具体来说，可以擅自在网上购买商品，或者在论坛上发表犯罪预告。实现的手段是使用DM等方法联系用户访问攻击者准备的Web网站。当用户访问该URL时，就会执行攻击者创建的脚本，并进行非法操作。

作为开发者，一般会在发帖时发送包含验证数据的信息，并对验证数据进行检查（**图4-14**）。

用户可通过退出登录网站防范此类攻击

如果社交媒体等服务中存在上述系统漏洞，那么只要是在登录的状态就随时都可以实现非法发帖。即使会有些麻烦，也希望大家养成完成操作后就退出登录的习惯。

虽然针对这一系统漏洞是由服务提供商来采取措施的，但是为了减少损失，用户除了退出登录之外，还需要注意不要点击可疑的链接。

此外，如果发生这类事件，通常会变成新闻，因此我们也需要留意最新的信息。

图4-13 跨网站请求伪造

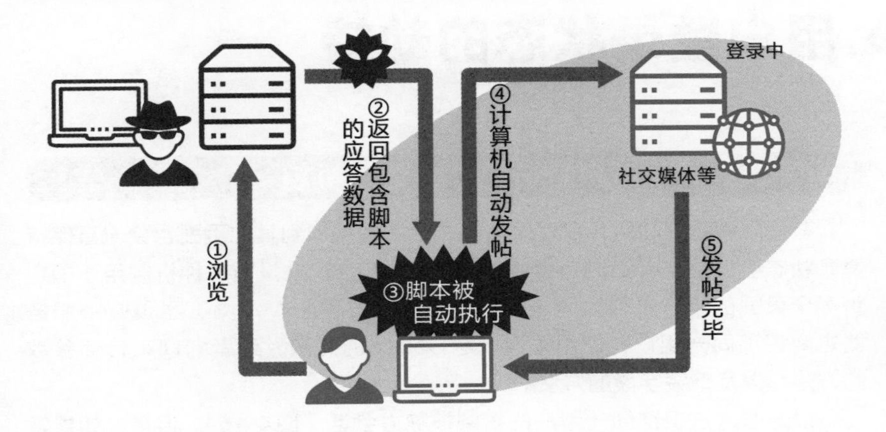

图4-14 跨网站请求伪造的预防措施（开发者）

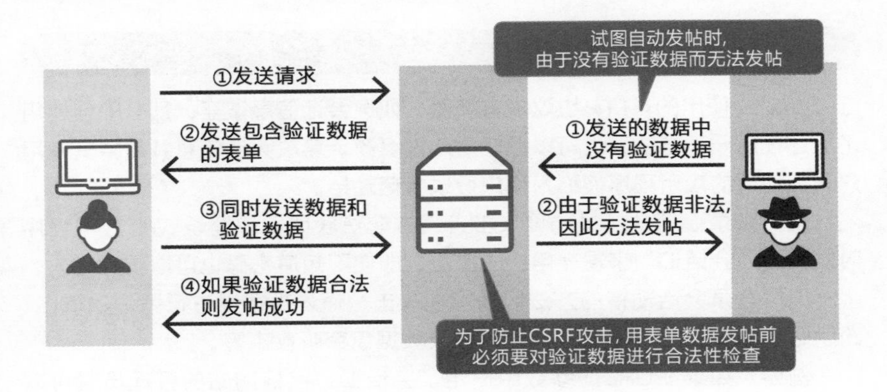

知识点

- 如果存在跨网站请求伪造的系统漏洞，就可能导致在用户不知情的情况下进行发帖或购物。
- 作为服务提供商，需要采取在输入表单中嵌入用于验证的数据等措施。
- 作为用户的有效对策，针对那些需要登录的服务，可以在完成操作之后退出登录。

» 用户登录状态的劫持

用于识别同一用户身份的“会话”机制

在使用购物网站时，在登录信息之后即使移动到其他页面也会一直保持登录状态。但是，Web浏览器中使用的HTTP协议并没有一种机制用于确定跨多个页面的用户是否为同一用户。因此，为了在Web浏览器和Web服务器之间识别同一用户，使用每次发送Cookie的方法，或者向URL传递参数的方法，以及隐藏字段的方法。

以这些方法识别同一用户的机制被称为**会话**（**图4-15**）。但是，如果管理这一会话的机制被滥用，则有可能被他人冒充。

劫持他人的会话

Web中使用的**HTTP协议没有加密**，如果会话信息被盗，那么即便使用了上述任意一种方法，也可以很轻易地被篡改。篡改会话信息并劫持其他用户正在使用的应用程序被称为**用户登录会话劫持**。

用户登录会话劫持是一种攻击者通过非法获取用户登录Web应用程序时发布的“会话ID”来冒充用户的攻击。即使不知道密码也可以冒充他人。

用户登录会话劫持的方法包括肩窥攻击、通过规律性进行猜测的攻击、跨网站式脚本攻击和使用**引用页**[※1]以及数据包窃听攻击等。

例如，如果在URL的参数中指定了会话ID，目标网站的管理员就可以通过查看浏览器发送的引用页信息来获取会话ID（**图4-16**）。

※1 引用页：调用者（链接来源）的URL信息。

图4-15 会话的机制

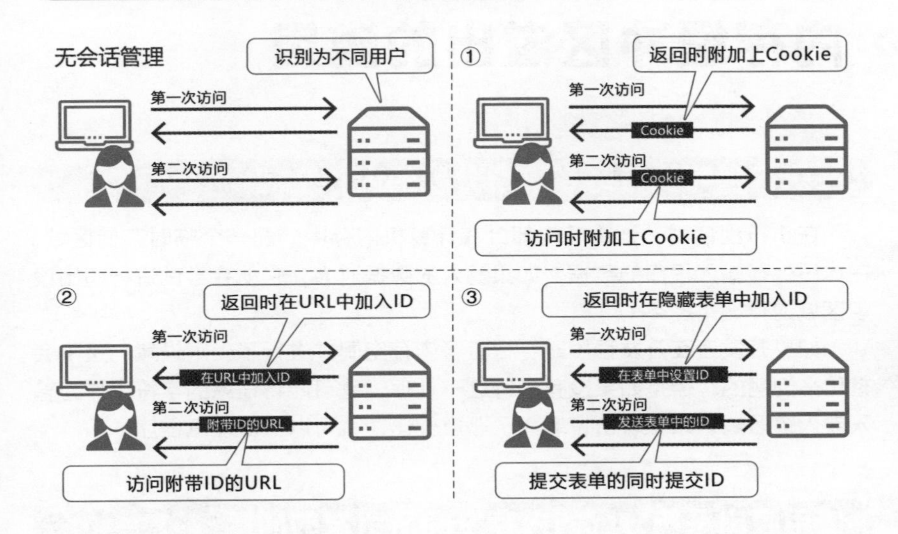

图4-16 用户登录会话劫持

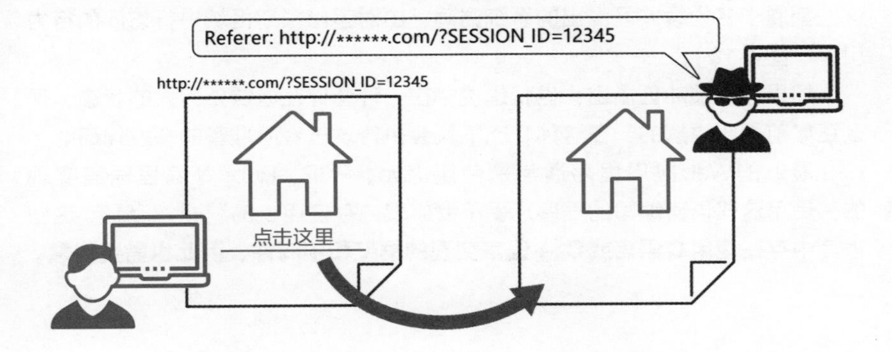

知识点

- 发生了用户登录会话劫持，就可能会被攻击者冒充他人使用Web上的服务。
- 我们需要在会话ID 中使用随机值，或者使用HTTPS协议进行加密来避免被攻击者猜测。

» 内存缓冲区溢出的滥用

在执行程序执行时系统所分配的内存空间

在执行程序时，计算机内部会在计算机内存中分配一个临时存储区域。在这里保存输入程序的数据，如果输入的数据过大，它就会尝试进行超出设定区域的存储（图4-17）。

如果开发者在开发程序时，检查了内存空间并进行了上限设置，是不会有什么问题的，但是如果没有进行这一处理，就可能将任意的字符串作为输入嵌入该区域。如果攻击者编写了恶意代码，就可以执行任意程序。

使用超出系统分配的内存空间所引发的问题

使用C和C++等编程语言开发的程序，需要程序员对内存的使用进行正确管理。如果管理不当，就会发生**堆栈溢出**、**堆溢出**和**整数溢出**等问题。这些都属于名为缓冲区溢出的系统漏洞，由对超出预期区域进行访问的行为引起（图4-18）。

如果存在缓冲区溢出，也就是说存在一种允许在区域外写入的状态，那么正如前面所讲解的，在这种状态下就会执行攻击者所准备的恶意代码。

最近的Web应用程序通常是使用Java、PHP、Ruby等编程语言实现的，使用这些语言编写的程序几乎不会出现内存使用上的漏洞。但是，这些语言中存在**使用C语言或C++语言实现的框架和中间件，因此也需要留意**。

图4-17 内存的结构

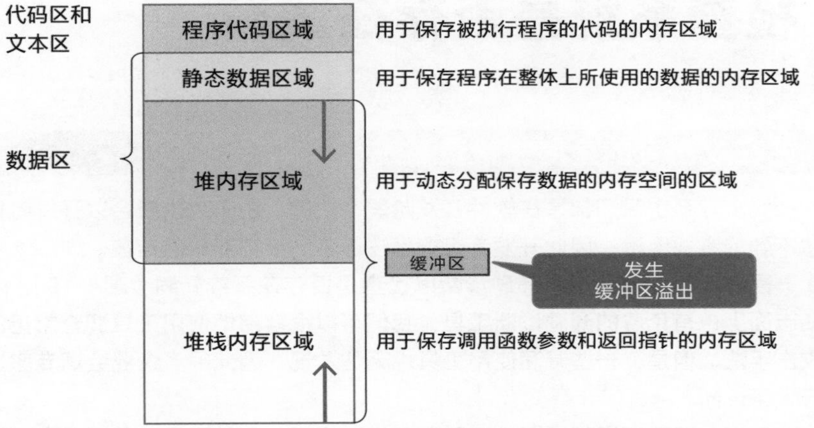

代码区和文本区

程序代码区域	用于保存被执行程序的代码的内存区域
静态数据区域	用于保存程序在整体上所使用的数据的内存区域
堆内存区域	用于动态分配保存数据的内存空间的区域
堆栈内存区域	用于保存调用函数参数和返回指针的内存区域

数据区

缓冲区

发生缓冲区溢出

图4-18 缓冲区溢出

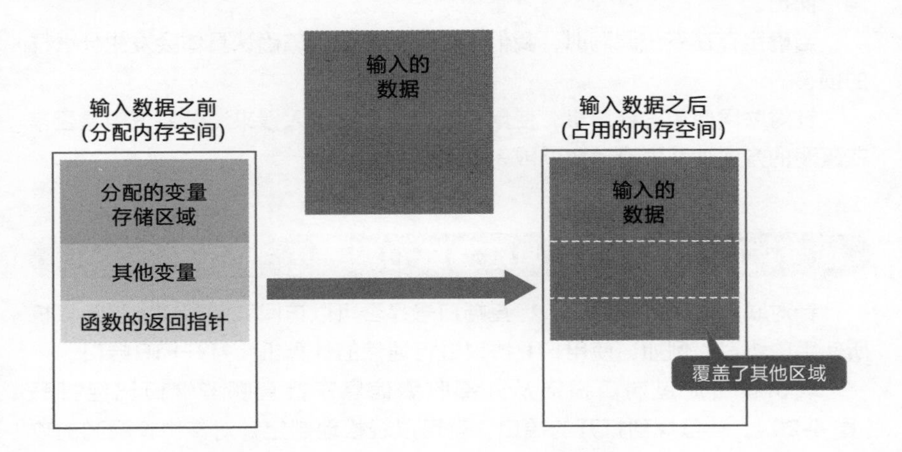

知识点

- 如果内存空间使用了必须由管理员来进行管理的语言，就可能出现缓冲区溢出系统漏洞。
- 虽然最近使用的脚本语言几乎不会因为内存的使用而产生系统漏洞，但是在其内部的处理中仍可能存在漏洞。

» 检查系统是否存在漏洞

站在攻击者的角度去检查系统

大多数系统漏洞都是在软件开发阶段产生的。由于攻击者会以开发者预想不到的方式入侵，因此开发者可能会注意不到系统漏洞的存在。

因此，我们需要进行**漏洞诊断**以检查是否存在系统漏洞（图4-19）。现在市面上也有免费的漏洞诊断工具，我们可以很容易地使用工具调查常见的攻击手法。但是，一些漏洞使用工具也无法发现，因此很多企业会请专家进行人工诊断。

然而，**即使在进行漏洞诊断时没有找到问题，也并不意味着不存在系统漏洞**。因此我们需要理解这只是在“实施该诊断方法范围内没有发现系统漏洞”而已。

当确定存在系统漏洞时，我们需要针对该漏洞来确认具体会发生什么样的损害。

针对联网使用的计算机，使用已知的技术进行入侵来测试系统中是否存在漏洞的方法被称为**渗透测试**或**入侵测试**。

检查端口的访问可以调查系统的漏洞

针对联网使用的计算机，检查端口号是否可以访问就能够找出该计算机所使用的协议。例如，使用FTP协议进行通信的计算机会打开FTP端口。

攻击者会通过**端口扫描**从外部收集信息来检查哪些端口已经打开（图4-20）。一旦找到打开的端口，就可以轻松地制定针对该协议漏洞的攻击计划。因此，我们需要关闭未使用的端口进行防范。

图4-19 系统漏洞诊断

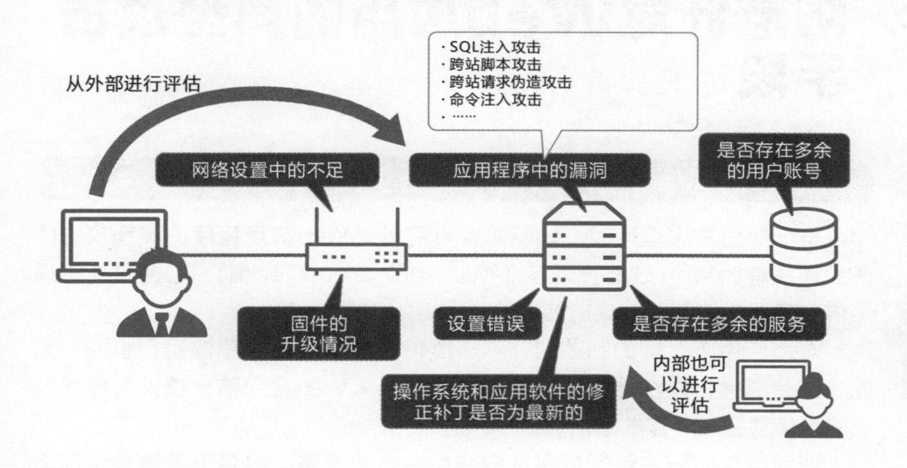

图4-20 端口扫描

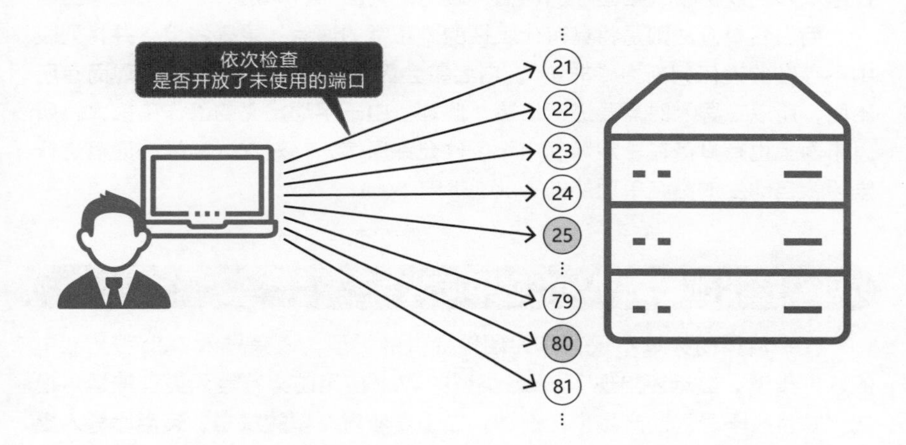

知识点

- 对于当前的软件开发而言，通过漏洞诊断来检查是否存在系统漏洞是必不可少的步骤。
- 使用端口扫描检查网络端口是否可以进行访问，就可以找到计算机的漏洞。

» 防范针对Web应用的典型攻击手段

防范针对Web应用的惯用攻击手段

与一般的防火墙不同，能够防御专门针对Web应用程序的典型攻击的防火墙被称为**Web应用防火墙**（Web Application Firewall），它通过检查通信内容来阻止被判断为攻击的通信（**图4-21**和**图4-22**）。

Web应用防火墙的制造商并不知道每个Web应用程序的运行机制。因此，制造商会将以往检测到的攻击模式都录入Web应用防火墙，与模式匹配的通信就会被视作非法访问。

识别通信的方法包括**黑名单方法**和**白名单方法**。黑名单方法是将SQL注入攻击等这类针对漏洞的攻击中具有代表性的攻击模式录入名单。只要存在与录入的攻击模式相匹配的通信，就可以判断为“非法”。

而白名单方法则是将具有代表性的“正常的通信”录入名单，并将列表中不存在的通信判断为“非法”。白名单会因为Web应用程序的实现而有所不同，所以在导入时需要进行设置。此外，由于手动定义的工作量很大，所以市面上也有具备在一定期间内无条件允许通信，并对这一期间的通信进行学习，自动生成白名单功能的Web应用防火墙。

可以轻松部署的Web应用防火墙

Web应用防火墙不仅有作为硬件提供的类型，还有导入Web服务器中的软件类型。最近还出现了SaaS类型的Web应用防火墙等云类型的运用模式，并且易于导入的产品也在增加。由于**要应对新型的攻击，运用比导入更加重要**，如果没有分配专门的工程师来进行管理，那么采取云类型的运用模式会是一种不错的选择。

图4-21 Web应用防火墙可预防的攻击

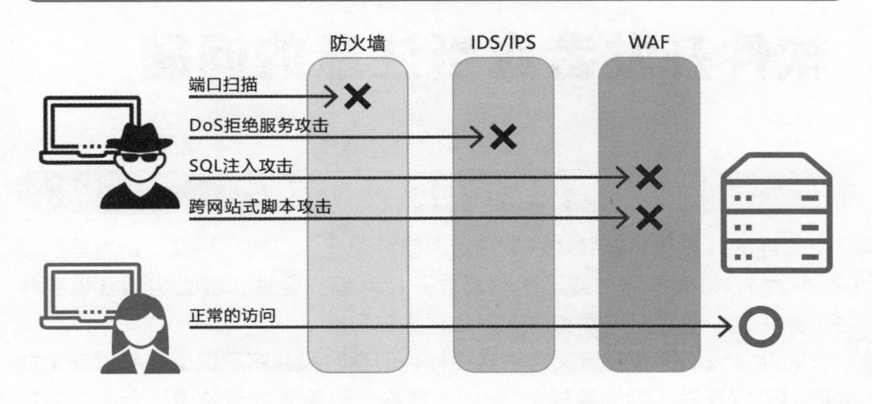

图4-22 使用Web应用防火墙的场景

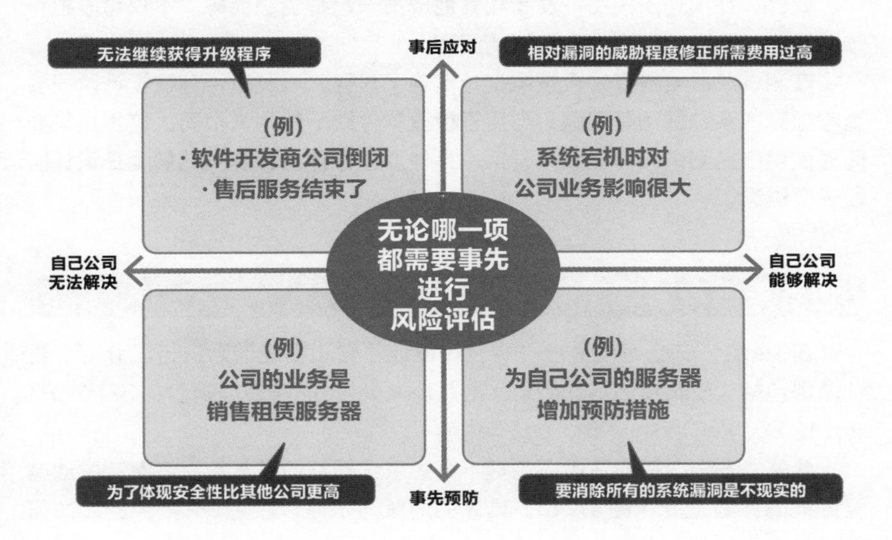

知识点

- 即使不确定Web 应用程序中是否存在系统漏洞，也可以通过导入Web应用防火墙来降低风险。
- 使用Web 应用防火墙不仅可以防御已知的漏洞，还可以防御未知的漏洞。

» 软件开发者应当注意的问题

在设计阶段中就考虑软件安全的重要性

软件的开发从“定义需求”开始，包括设计、实现、测试、运用等阶段（图4-23）。如果在测试或运用阶段才开始考虑安全性，那么当需要返工并进行修正时，就会对成本和进度产生重大的影响。

因此，我们需要在定义需求或设计等**前期阶段就有意识地在考虑安全性的同时进行开发（安全编程）**。例如，在设计阶段邀请系统设计者以外的其他负责人**审查系统安全性**。

此外，在实现阶段由开发者和其他成员一起**审查源代码**，不仅可以检查软件缺陷，还可以检查安全方面的漏洞。

在测试阶段要检查是否按照设计实现了代码，以及是否存在设计阶段没有考虑到的系统漏洞等问题。与用于检查软件缺陷的测试相同，这里也需要同时使用白盒测试和黑盒测试，但是具体**要进行什么样的测试需要在设计阶段进行讨论**。

设计原则与实现原则

在IPA的“安全编程讲座”中，对**设计原则**和**实现原则**进行了介绍。设计原则包括“Saltzer & Schroeder的八项原则”，而实现原则包括SEI CERT Top 10 Secure Coding Practices等内容。

此外，安全编程方法中还包括不产生系统漏洞的**基本解决方案**和主动减轻影响的**保险措施**（图4-24）。具体的对策方法可以参考IPA提供的“如何创建安全网站”等内容。

图4-23 开发过程与安全编程

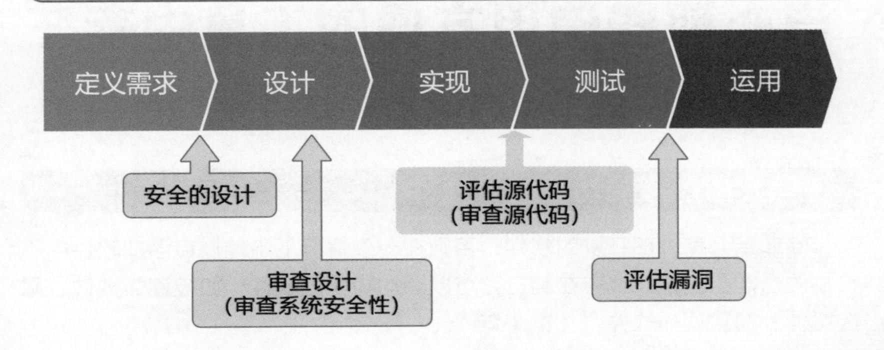

图4-24 保险措施

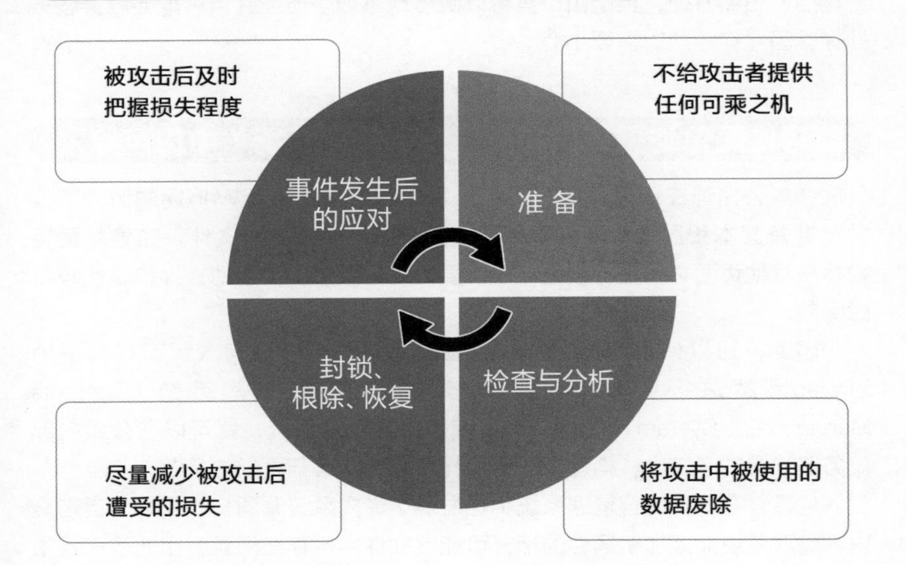

知识点

- 开发具有安全性的系统时，在定义需求和设计阶段有意识地考虑安全性进行开发可以避免出现返工的情况。
- 为了保护系统免受漏洞影响，需要同时使用基本解决方案和保险措施来提高安全性。

》当心那些使用方便的工具中存在的漏洞

任何人都能添加功能的“插件”

除非是公司内部开发的软件，否则在一般情况下不能擅自添加软件中不存在的功能。但是，也存在第三方可以添加功能的软件，如被称为**插件**、**附加组件**、**加载项**的软件[※1]（**图4-25**）。

Web浏览器的插件提供了许多由普通开发人员创建的功能。此外，对于Word和Excel等Office系列软件可以通过“宏”添加功能。

插件虽然方便，但是由于其可以随意地添加功能，并且可能会内置恶意处理，因此在添加时需要小心。

能轻松简单地更新内容的“内容管理系统”中的风险

许多公司都在运营着自己的Web网站，当需要更新Web网站时，不仅需要准备文本和图像，还需要创建名为HTML和CSS的文件。如果想要轻松地在其他页面之间进行移动，还需要设置超链接，而手动去操作是比较费时间的。

因此，可以使用像博客那样准备文本和图像，任何人都可以简单地对Web网站进行更新和管理非常方便的**内容管理系统**（Contents Management System）（**图4-26**）。使用内容管理系统，就可以在公司内部服务器设置的系统中，构建像博客那样可以轻松进行更新的机制。

但是，在这类内容管理系统中也发现了许多系统漏洞。如果为了自定义内容管理系统而添加了插件的话，可能该插件中也存在问题，因此应该**经常确认内容管理系统和插件是否存在漏洞**。

※1　有时也称为“扩展功能”或“扩展包”等。

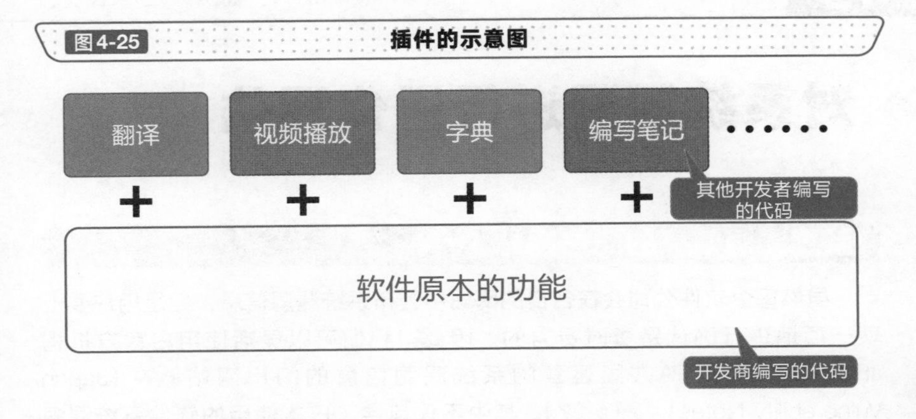

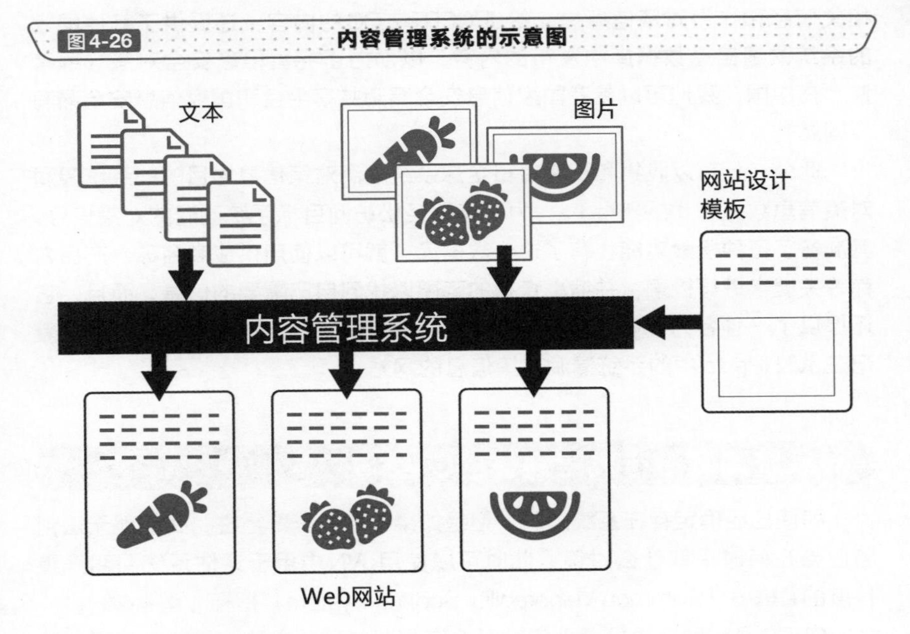

知识点

- 虽然使用插件可以向现有的软件中添加功能，但是其中可能会嵌入恶意处理。
- 虽然使用内容管理系统可以简单地更新Web 网站，但是内容管理系统本身和插件中也可能存在系统漏洞。

» 对系统漏洞进行量化评估

系统漏洞信息的门户网站JVN

虽然每个软件公司会在各自的网站中公布系统漏洞信息，但是用户要一项一项地进行确认是费时费力的。因此，我们可以灵活使用由官方机构JPCERT / CC和IPA共同运营的系统漏洞信息的门户网站**JVN**（Japan Vulnerability Notes）（**图4-27**）。其中不仅包含了日本使用的软件系统漏洞相关信息和作为对策信息提交给JPCERT / CC的内容，还提供了其他国家的系统漏洞信息数据库中发布的内容，以助力于完善信息安全对策（编者注：在中国，我们可以参考国家信息安全漏洞共享平台和国家信息安全漏洞库网站）。

此外，还有以收集和积累每日全球系统漏洞对策信息为目的的系统漏洞对策信息数据库**JVN iPedia**，为了能够轻松访问目标系统漏洞的对策信息，其准备了各种检索功能。有了这个数据库，就可以使用供应商名称、产品名称等关键字进行检索，并缩小查找的范围以找到自己需要的信息。而且，它还提供了一种名为**MyJVN API**的API※1，使用该API，就可以开发出运用登记在JVN iPedia中的系统漏洞对策信息的网站。

对系统漏洞进行风险评估的CVSS

即使已经确定存在系统漏洞，但是如果不知道其严重性，我们就无法判断应当在何时采取什么对策。此时可以使用JVN中用于评估系统漏洞严重程度的**CVSS**（Common Vulnerability Scoring System）指标（**图4-28**）。

CVSS是一种开放且通用的针对系统漏洞的评估方法，其在全球得到了广泛使用。由于其**不依赖于某个公司或负责人，可以根据一个标准对“系统漏洞的严重程度”进行定量比较**，因此我们可以通过这一评估方法判断应当优先对公布的哪些系统漏洞实施对策。

※1 API：Application Programming Interface 的缩写。在这里是指允许从外部使用Web服务功能的接口。

图4-27 JVN的优势

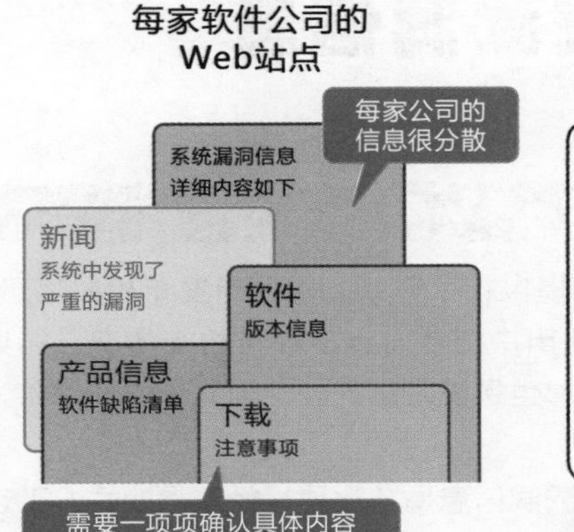

JVN
（系统漏洞信息的门户站点）

用统一的格式显示软件和系统漏洞一览

JVN

#JVNxxxx:XXX公司的□□□中存在○○漏洞
[2018/05/11 12:00]

#JVNxxxx:YYY公司的△△△中存在▽▽漏洞
[2018/05/11 12:00]

#JVNxxxx:XXX公司的☆☆☆中存在●●漏洞
[2018/05/11 12:00]

#JVNxxxx:XXX公司的▲▲▲中存在◇◇漏洞
[2018/05/11 12:00]

可以指定条件进行检索

图4-28 CVSS的效果

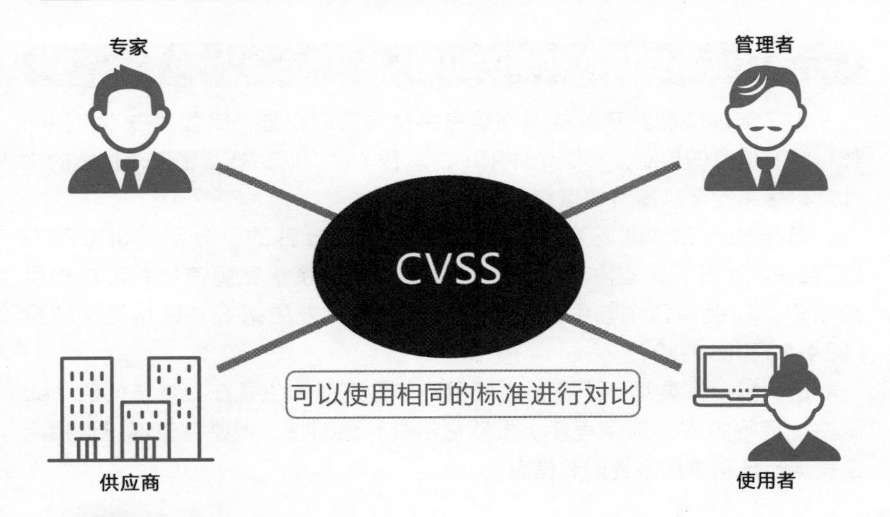

知识点

- 使用JVN，可以收集每个软件公司提供的系统漏洞信息一览表，并通过统一的格式进行确认。
- 由于使用CVSS可以按照同一标准对系统漏洞的严重程度进行比较，因此我们可以判断应当优先实施哪些对策。

» 报告和共享系统漏洞信息

处理系统漏洞信息时的问题

如果有人发现了系统漏洞，并在提供补丁程序之前擅自发布相关信息，就可能导致其他用户遭受攻击。即使用户向开发者反映了相关情况，如果“开发者没有回应”或者“反应慢”，那也是没有意义的。因此，需要完善开发体系和设置响应窗口。

对于开发者而言，在不知道系统漏洞信息是从哪种途径获得的情况下也将无法作出响应。此外，即使有完善的应对体系，如果开发者为了明哲保身而有所隐瞒，也可能会延迟信息的共享。

方便系统漏洞信息共享的机制

为了能够顺利共享系统漏洞信息并及时采取措施，需要建立“官民一体”共享信息的体制。在这个体制中，从各个角度明文规定了应对措施的文件就是**信息安全预警合作指南**。

通用软件和Web应用程序的协调机构是分开的，分别由JPCERT/CC和IPA负责。这些协调机构不仅会集中管理系统漏洞信息并汇总提供给用户，还会向各个软件公司反映系统漏洞的发生情况并确认处理情况（**图4-29**和**图4-30**）。

这一指南主要适用于在日本使用的软件产品和主要在日本访问的Web网站上运行的Web应用程序。虽然它不具有强制性，但是有望通过该指南来灵活运用和管理系统漏洞信息。

图 4-29 软件产品的系统漏洞信息的处理流程

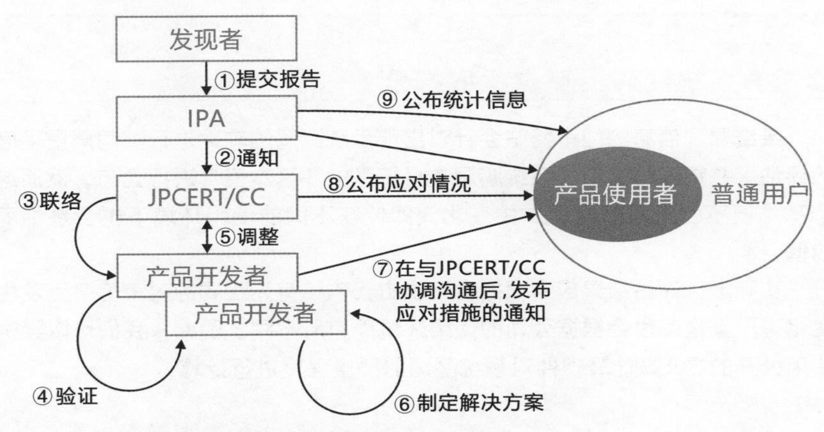

来源：日本信息处理推进机构等根据《信息安全预警合作指南》绘制。

图 4-30 Web应用程序的系统漏洞信息的处理流程

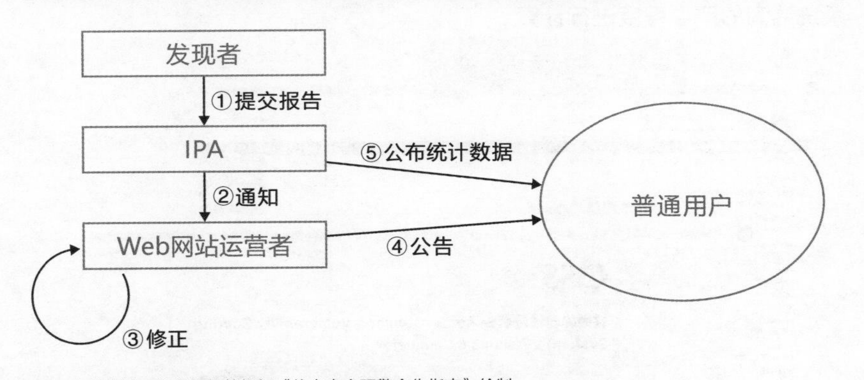

来源：日本信息处理推进机构等根据《信息安全预警合作指南》绘制。

知识点

- 如果我们发现系统漏洞并向IPA 反映情况，IPA或JPCERT/CC就会根据漏洞的分类与开发者和运营者进行协调。
- 虽然信息安全预警合作指南不具有强制性，但是有望通过该指南来灵活运用和管理系统漏洞信息。

开始实践吧

尝试为系统漏洞的严重程度打分

系统漏洞信息的门户网站会针对出现系统漏洞的软件进行漏洞严重程度的评估，并将评估得到的系统漏洞本身特性的“基本值”进行公布。然而这个基本值不会随着时间而发生变化，即使在不同的使用环境下也会是相同的值。

实际上，评估结果应当根据有无攻击代码和有无正式的对策信息而发生变化，严重程度也会根据公司的使用环境而有所不同。因此，我们可以尝试使用公开的CVSS计算软件对系统漏洞的严重程度进行计算。

（1）访问系统漏洞信息的门户网站，并查找想要计算严重程度的系统漏洞。

（2）访问CVSS计算软件并输入自己公司的系统环境，这样就可以对系统漏洞的严重程度进行计算。

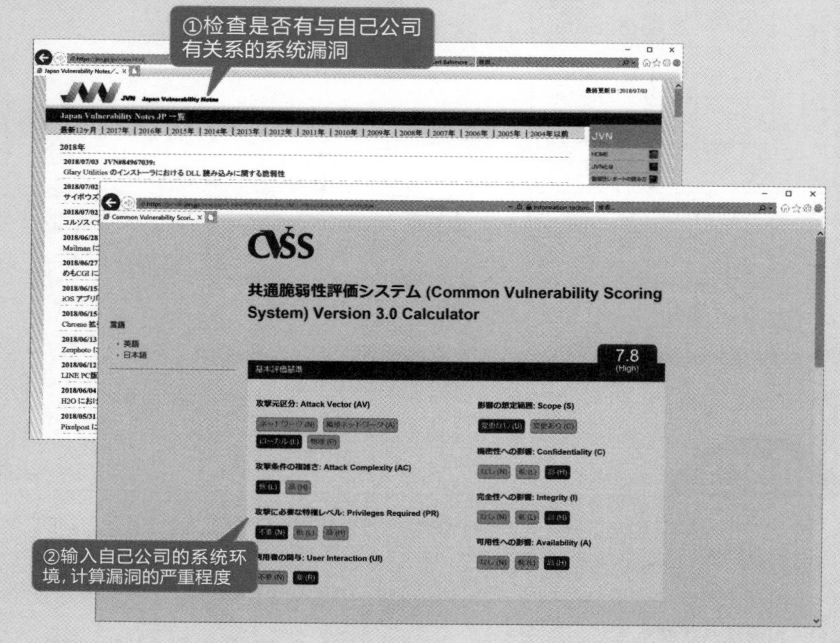

第5章

什么是密码、数字签名、数字证书——用于保护机密信息的技术

» 密码学的历史

让句子变得旁人难以看懂

在我们进行文字交流时，希望只有自己人能够知道真实的信息，这时就需要按照一定的规则对信息进行变换。为了不让其他人知道原始信息，而对原始信息进行变换的做法被称为**加密**。

而收到密文的人要想知道原文，就需要对信息进行还原处理。这种处理被称为**解密**（虽然有些文献中使用了“明文化”这一术语，但是并不常用）。

如果旁人可以轻易猜到其中的变换规则，那么就能轻松地破译密文，因此我们需要尽量将变换规则制定得复杂一些。此外，变换后的信息被称为**密文**，原始信息被称为**明文**（**图5-1**）。

互联网中所使用的“现代密码学”

从古至今，人们对密码学进行了大量的研究。例如，将明文字符替换成其他字符的**替换式加密**和对明文字符的顺序进行重新排列的**转置式加密**就是其中较为容易理解的加密方式的例子（**图5-2**）。

替换式加密中最为有名的加密方式是**恺撒密码**，它是将明文中使用的字母按照字典顺序偏移三个字符来建立密文（**图5-3**）。这种情况下，我们可以通过改变偏移的字符数的方式，来生成完全不同的密文，因此在加密过程中，变换规则（算法）和**密钥**（需要偏移的字符数等）起着关键作用。

但是，对于这类加密方式（**古典密码学**），只要知道其中使用的变换规则，就可以轻易地将其破解。与此相对，其他人即便知道使用的变换规则，只要不知道密钥，仍然可以确保信息安全的**现代密码学**，则常用于互联网上的通信中。

由于古典密码学中所使用的加密和解密方式非常易于理解，因此经常被用于密码学的教学示例中。

图5-1 加密和解密

明文

这是一份非常重要的信息。未经许可，禁止任何人向公司外部泄露。

加密

解密

密文

5AJ8DNJUI7PAHIUEN
78NH#B40DHF63LNB
XDIOWZ6XHK7D3B

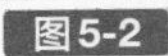

替换式加密和转置式加密

替换式加密

对照表

CAFE → EGAC

转置式加密

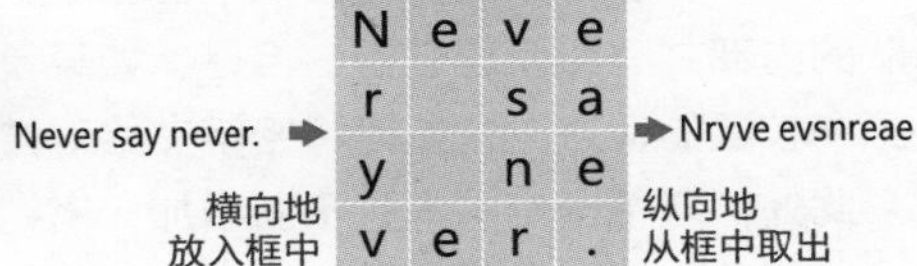

图5-3 恺撒密码

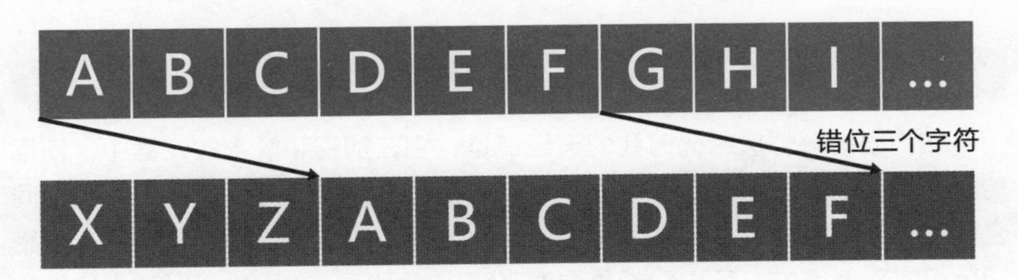

CAFE → ZXCB

知识点

- 经过“加密”的信息被称为“密文”，将其还原的操作被称为“解密”，原始的信息则被称为“明文”。
- 现代密码学中使用的是其他人只要不知道密钥就无法破解的加密机制。

高速的加密方式

密钥管理的重要性

正如5-1节中所讲解的，即便是使用相同的加密方式（变换规则），只要改变加密过程中所使用的密钥，就可以通过相同的明文生成不同的密文。也就是说，只要使用的密钥不同，即使其他团队能够看到使用的密文，他们也是无法破解的。

因此，为了避免被其他团队猜出密钥，我们就需要通过某种方式在同一团队的内部共享和管理密钥。但是，如果是使用互联网，且团队成员可能位于距离较远的地方时，如何将密钥交给对方就变成了一个难题。

此外，随着通信的人数不断增加，密钥的数量也会随着人数的增加而增加，这就导致最终会有大量的密钥需要管理。如果只是两个人的团队，那么需要一把密钥，但是如果是三个人的团队就需要有三把密钥，四个人就需要六把，五个人则需要十把，人数越多，密钥的数量也会随之不断增加（图5-4）。

共享密钥的运算速度很快

在前面讲解恺撒密码时我们已经说过，它在加密和解密的过程中，使用的是相同的密钥（偏移的字符数）。像这类在加密和解密过程中，使用相同密钥的加密方式被称为**共享密钥加密（对称密钥加密）**。其他人如果知道密钥就可以破解密文，所以我们需要对密钥进行保密，故而也可以称为**秘密密钥加密**。

由于共享密钥加密**易于实现，因此可以快速地进行信息的加密和解密处理**。当我们需要加密大型文件时，花费大量时间来进行加解密处理是极不现实的，因此处理速度非常重要。

恺撒密码是以字符为单位对明文进行处理的，这种对明文依次逐个进行加密的方法被称为**流加密**。在现代密码学中，除了流加密外，还有较为常用的不是以字符为单位而是以一定长度为单位，进行集中加密的**块加密**方法（图5-5）。其中，**DES**、**三重DES**、**AES**等加密算法较为有名。

图5-4　共享密钥加密中存在的密钥数量问题

图5-5　共享密钥加密的机制

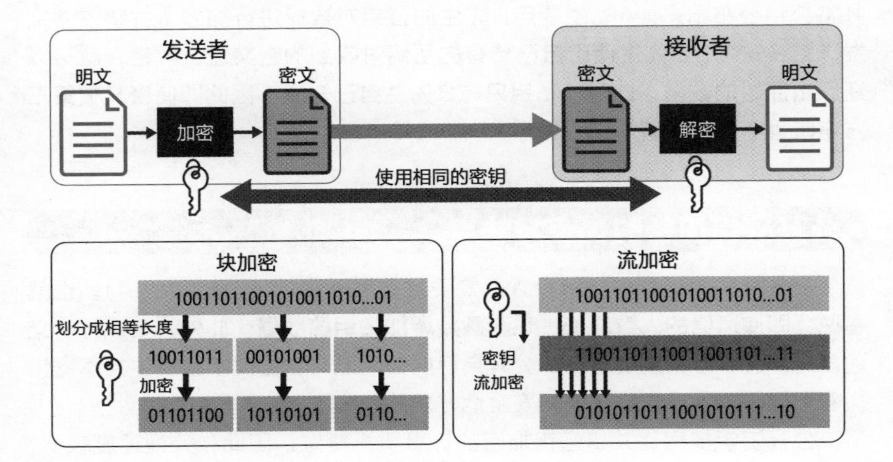

知识点

- 随着通信人数的增加，不仅所需的密钥数量会随之增加，而且还存在如何安全地将密钥传递给对方的“密钥分发问题”。
- 在共享密钥加密中，加密和解密使用的是相同的密钥。
- 目前广泛使用的DES、三重DES、AES 等加密算法，属于将数据划分为以块为单位的分组进行加密的“块加密”方式。

» 解决密钥分发问题的密码

解决了密钥分发问题的"公开密钥加密"

公开密钥加密是一种可以解决共享密钥加密中存在的"密钥如何分发"和"如何管理大量密钥"问题的加密方式。由于其加密和解密时使用的是不同的密钥，因此也可以称为**非对称加密**（**图5-6**）。

虽然在加密和解密时使用不同的密钥，但是它们不是相互独立的，而是成对的。一把称为**公钥**，可以向第三方公开；另一把则称为**私钥**，除了自己以外，不能让其他任何人知道。

例如，当A先生向B先生发送数据时，B先生准备了一对公钥和私钥，并将公钥公布出去。A先生使用B先生的公钥对数据进行加密，并将该密文发送给B先生。B先生使用自己持有的私钥对收到的密文进行解密，就可以还原出原始的数据。此时，私钥只有B先生自己知道，因此即使密文被第三方窃听也不会被破解（**图5-7**）。

公开密钥加密的优点与缺点

在公开密钥加密中，每个人只需要准备两把密钥（公钥和私钥）。也就是说，即使通信的人数增加，也**不需要增加密钥的数量**。此外，在进行密文通信时，接收方只需要对外部公开自己的公钥即可，因此不会发生共享密钥加密那种需要考虑密钥该如何安全地分发的问题。

公开密钥加密比共享密钥加密的计算更为复杂。因此，处理速度较慢，不适用于大型文件的加密。此外，还需要通过证书颁发机构和数字证书来证明最初发布公钥的是本人（参考5-4节）。同时还需要注意这种加密方式存在"中间人攻击"风险（参考5-14节）。

图5-6 共享密钥加密与公开密钥加密的区别

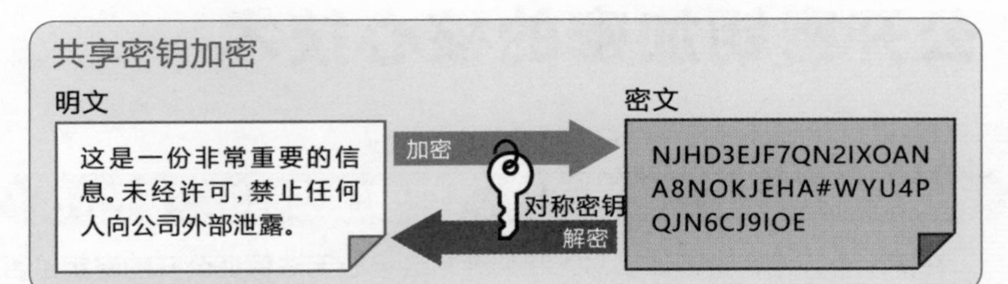

图5-7 公开密钥加密的通信

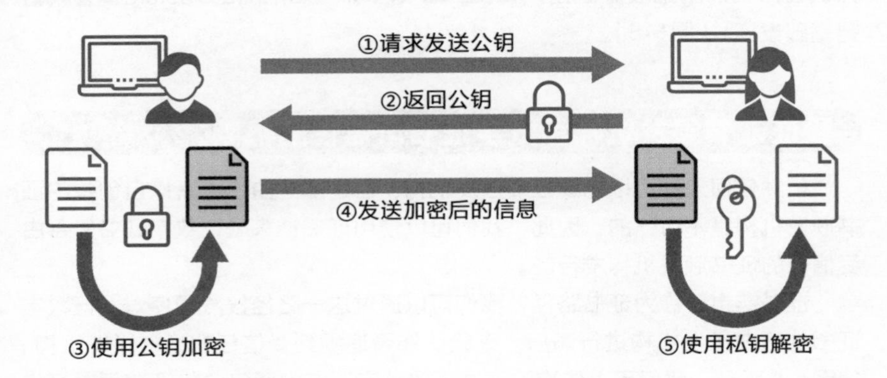

知识点

- 如果使用公开密钥加密，即使通信人数增加，密钥的数量也不会随之增加，因此很好地解决了密钥分发的问题。
- 使用公开密钥加密，需要通过证书颁发机构和数字证书来证明最初发布公钥的是本人。

» 公开密钥加密的核心技术

证明用户身份的“数字证书”“证书颁发机构”和PKI

在使用公开密钥进行加密时，我们通常会担心**无法保证公开的密钥是否是正确的通信对象的密钥**。因为如果A先生冒充B先生，并将B先生的公钥公布出来的话，我们是无法辨别其真伪的。由于人们可以自由地创建公钥和私钥，因此冒充B先生这种事是有可能发生的。

即使在现实生活中，如果有人冒充他人制作印章，我们也无法判断印章是否属于持章人。不过如果是印章，只需要在官方机构进行登记，就可以通过开具印章证明的方式，来确认持章人的身份。

这种方式也同样适用于公开密钥加密，如果对方持有由管理公钥的认证机构颁发的“确定是本人”的**数字证书**，我们就可以放心地与其进行通信。颁发这一证书的机构被称为**证书颁发机构**（Certifi cate Authority，**CA**），这种认证方式的基础设施就是所谓的**PKI**（Public Key Infrastructure，**公共密钥基础设施**）（**图5-8**）。

验证证书颁发机构和数字证书可信性的机制

虽然任何人都可以创建证书颁发机构，但是那些由攻击者擅自创建的证书颁发机构是不可信的。因此，我们可以使用**证书链**来验证数字证书是否由受信任的证书颁发机构发行的。

证书链也可称为证书路径，我们可以通过这一路径按照顺序对发行数字证书的证书颁发机构进行遍历，来确认能否追溯到受信任的证书颁发机构。如图**5-9**所示，我们可以依次验证发行的数字证书中所包含的证书颁发机构的数字签名，以确认是否可以到达位于最顶部的证书颁发机构。

位于图中最顶部的数字证书被称为**根证书**。在我们浏览Web网站时使用的根证书是在安装Web浏览器时自动导入的。

如果是Web网站，将**服务器证书**设置在通信的Web服务器中，就可以确认该Web服务器是否可信。

图 5-8　证书颁发机构发行数字证书

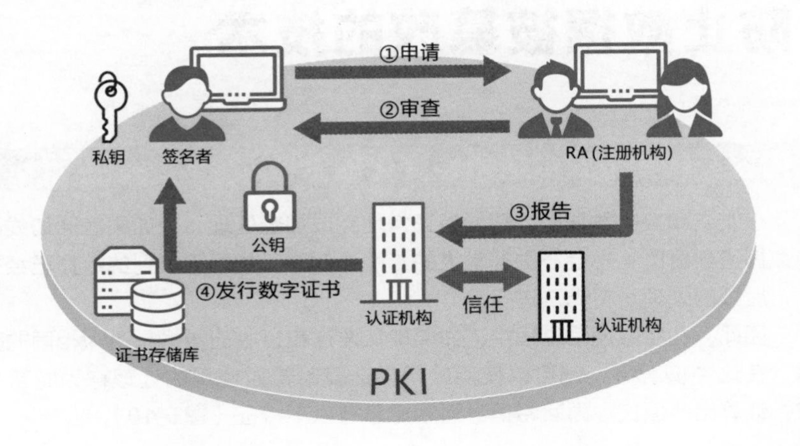

图 5-9　证书链

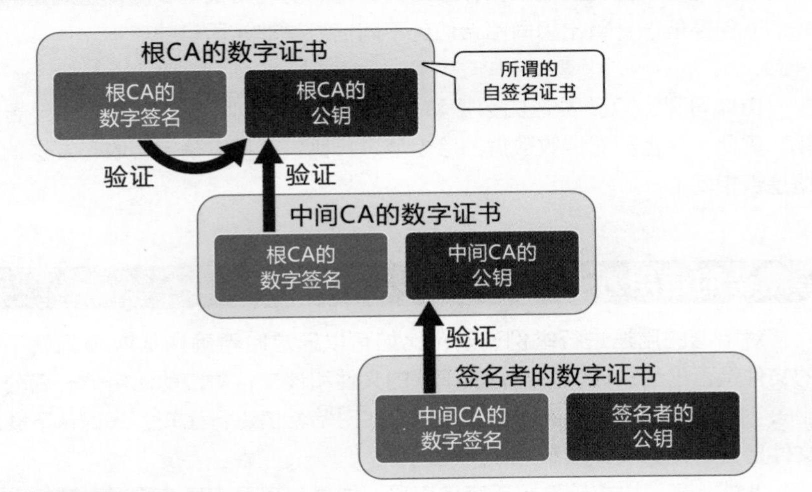

知识点

- 证书颁发机构发行的数字证书可以证明数字证书是否为本人所持有的数字证书。
- 我们可以使用遍历根 CA 的数字证书的证书链的方式，来验证证书颁发机构是否受信任。

» 防止数据被篡改的技术

内容变化会导致数值急剧变化的哈希

在发送和接收数据时，即便是正常地完成加密处理，但如果在通信线路中数据遭到篡改，也会产生非常大的影响。此外，如果接收到的数据已经损坏，后续的处理也将无法进行。

因此，在实际通信过程中，需要确认发送和接收的数据是否为相同的数据。在这种情况下，就可以使用**哈希**，计算哈希时使用的处理称为**哈希函数**，计算出的值被称为**哈希值**。而哈希具有以下特征（**图5-10**）。

- 从哈希函数的处理结果是无法猜测出原始信息的。
- 无论信息的长度是多少，最终计算得到的哈希值的长度都是固定的。
- 创建能够计算出相同哈希值的不同信息是非常困难的。

由此可见，只要发送的数据和内容稍有变化，哈希值就会发生显著变化。因此，只需要对接收数据的哈希值进行比较就可以确定接收和发送的数据是否相同。

哈希的运用方法

对哈希的用途进行举例说明，比如可以通过哈希确认从Web网站下载的文件是否已经损坏。如果将供下载的文件和该文件对应的哈希值一同公布出去，那么下载该文件的用户就可以通过对哈希值进行比较，来确认下载的文件是否有被篡改（**图5-11**）。

此外，还可以将哈希用于存储密码。如果管理员不是直接对用户输入的密码进行保存，而是保存密码对应的哈希值，在登录时就不是通过密码来执行登录认证处理，而是通过与哈希值进行比较来执行登录认证处理。这样一来，即便哈希值被泄露，**由于根据哈希值反向计算密码是不可能的，因此可以大大降低密码被泄露的风险**（**图5-12**）。

图5-10　哈希的特点

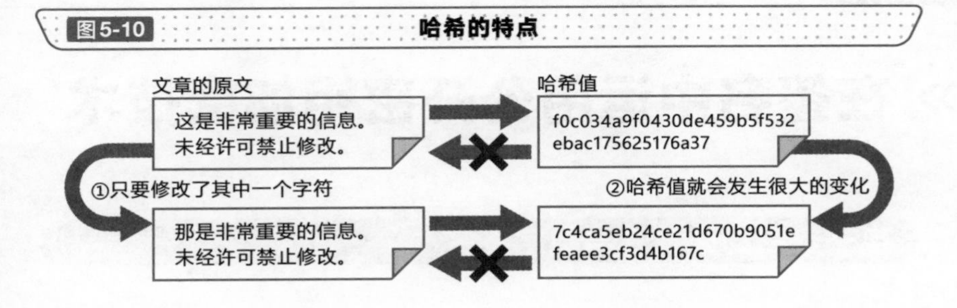

图5-11　使用哈希值确认文件是否正确

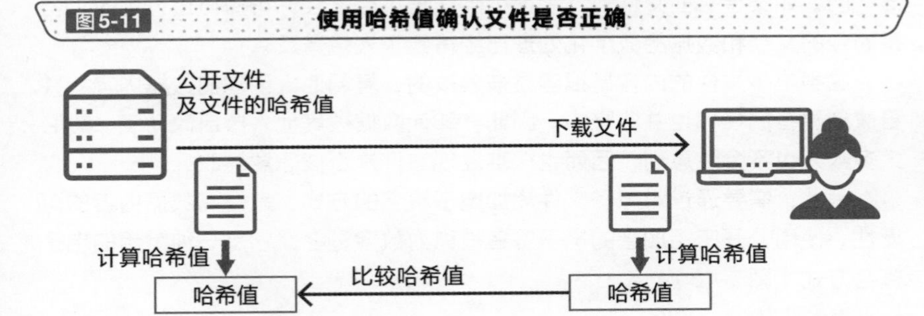

图5-12　使用哈希值存储密码

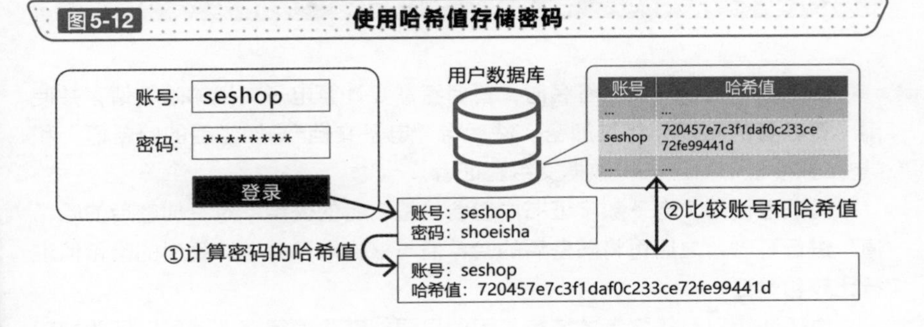

知识点

- 可以通过对哈希值进行比较来确认数据是否被篡改。
- 在存储密码时，使用哈希值可以大大降低密码被泄露的风险。

» 在签名中运用公开密钥加密技术

电子签名的必要性与数字签名

印章和签名主要用于证明资料或文件是由“本人创建”或者是“经过批准”的。如果是书面文件，几乎很少会在盖章后未经许可擅自进行更改，但是如今的文档和数据的数字化处理已经得到了大量普及。

这类电子文件的内容是很容易被篡改的，复制他人创建的数据内容，并更改创建者的名称也并非难事。因此，即使数据被其他人擅自改动了，想必大多数人也不会注意到，因而也很难发现文件是否被恶意篡改。

因此，需要通过对电子文件添加**电子签名**的方式，来提高数据内容的可靠性。使用公开密钥加密的电子签名被称为**数字签名**，它是一种常用的电子签名方式（**图5-13**）。

数字签名的实现原理

使用数字签名对文档签名时，签名者需要计算电子文档的哈希值，并使用“签名者的私钥”将其加密。然后将“电子文档”“加密后的哈希值”和“电子数字证书”这三份数据交给验证者。

验证者使用“电子数字证书中包含的签名者的公钥”对“加密后的哈希值”进行解密，之后再将解密后的哈希值与根据电子文档计算出的哈希值进行比较和验证。

由于私钥只有签名者才持有，因此只要能够正确解密，就可以证明加密后的电子文档是由签名者创建的。而且这种机制也使**签名者无法否认其创建了该电子文档的事实**。另外，只要对比并确认两个哈希值是匹配的，就可以保证电子文档没有被篡改过（**图5-14**）。

图5-13　公开密钥加密与数字签名的关系（RSA加密[※1]的场合）

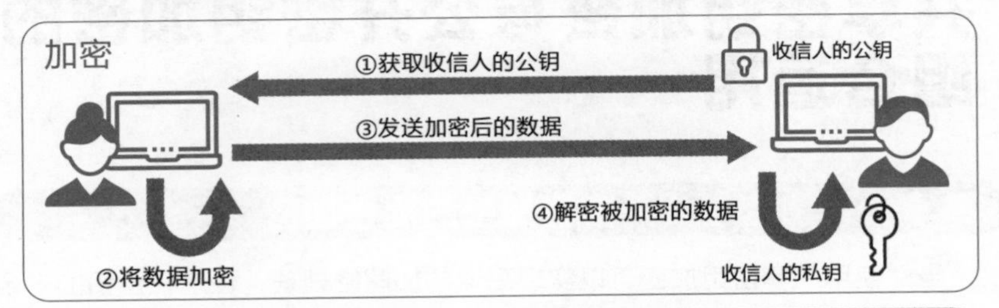

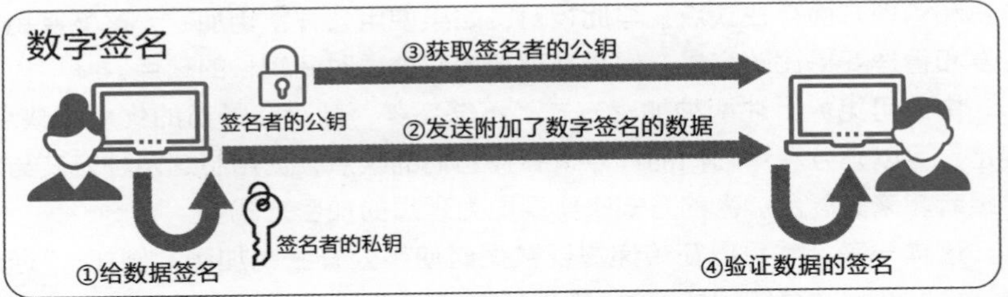

图5-14　数字签名的实现原理

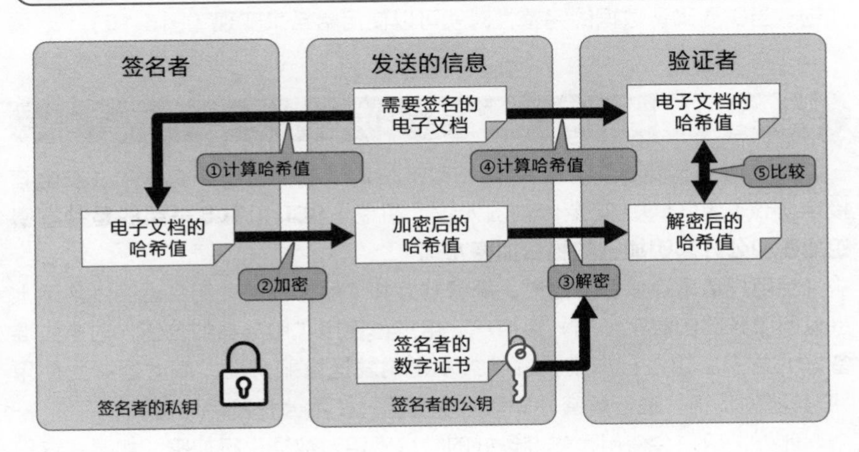

知识点

✐使用公开密钥加密的数字签名是电子签名的实现方法之一。

✐使用数字签名可以证明文档没有被篡改过。

※1　与RSA加密算法相关的知识请参考5-9节。

» 共享密钥加密与公开密钥加密的组合运用

共享密钥加密与公开密钥加密的混合加密

虽然使用共享密钥加密可以实现高速的加解密处理，但是在密钥的安全分发和管理方面存在缺点。与此相对，如果使用公开密钥加密，虽然密钥的分发和管理变得比较容易，但是又存在加密处理时间较长的缺点。

由此可见，上述两种加密方式都不够完美，都存在各自的优点和缺点。但是，可以充分利用它们的优点来弥补它们的缺点，使用将这两种方式与哈希组合起来的**混合加密**的方式来实现更为理想的加密方式。

这样一来，就可以在传递重要数据时使用公开密钥加密。例如，“通过网络分发经过共享密钥加密的密钥时”或者“通过交换认证数据的方式来确定通信对象是否正确时”。而对于实际发送的大型数据，可以使用共享密钥加密。当需要确认数据的完整性时就可以使用哈希来实现（**图5-15**）。

SSL中的组合运用

使用Web浏览器浏览Web网站时产生的通信加密机制有**SSL**（安全套接字协议）和**TLS**（安全传输层协议）机制。**SSL和TLS采用的是共享密钥加密和公开密钥加密的组合加密方式**。

当用户请求连接服务器时，服务器会将“服务器的公钥”返回（实际上是返回服务器的数字证书）给用户。用户再使用“服务器的公钥”对事先准备好的共享密钥进行加密，并将共享密钥发送给服务器。服务器端则使用“服务器的私钥”进行解密并提取共享密钥（使用公开密钥加密）。

此外，用户会使用事先准备好的共享密钥对数据进行加密。如果将这份数据发送给服务器，服务器端就可以使用刚才提取的共享密钥进行解密并提取数据。反之，服务器端将数据发送给用户时，也可以用同样的方式使用共享密钥进行加密并发送数据，用户则可以使用共享密钥进行解密并提取数据（使用共享密钥加密）（**图5-16**）。

图5-15　混合加密的特点

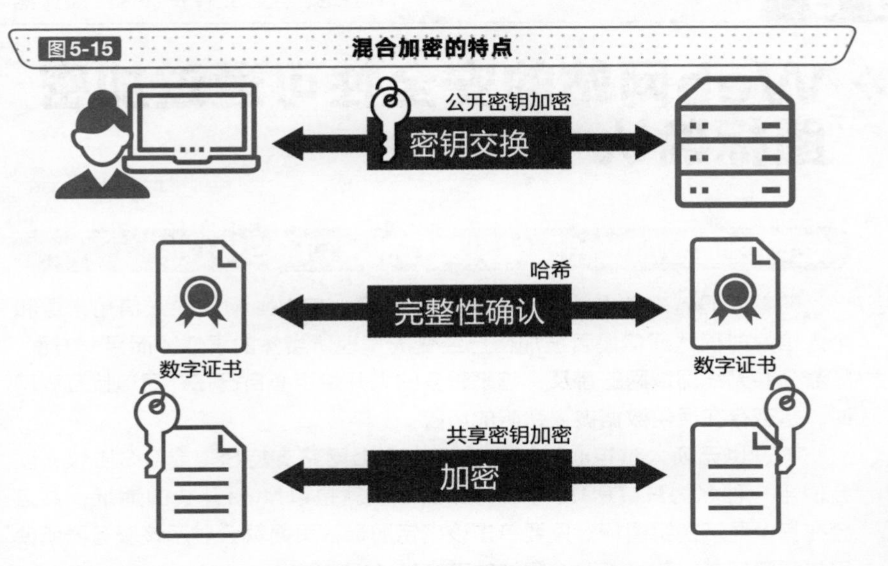

图5-16　SSL中的加密步骤

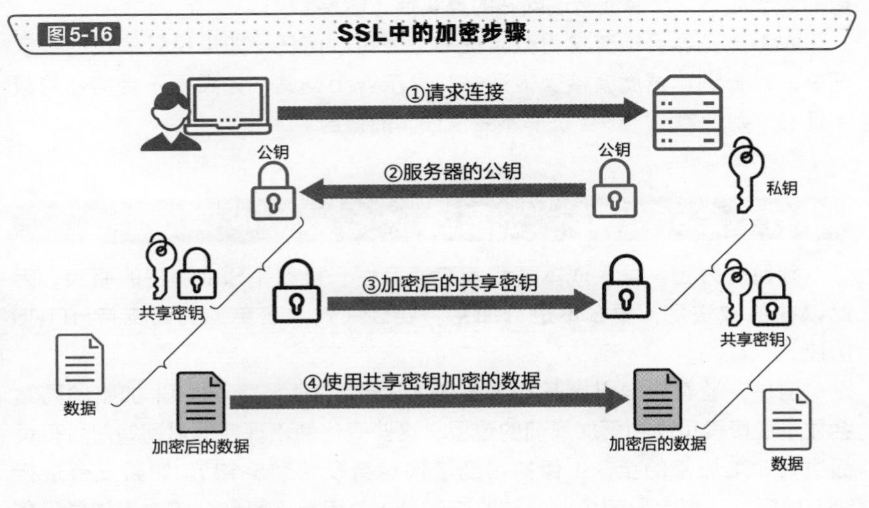

知识点

- 由于混合加密是同时使用公开密钥加密和共享密钥加密的组合加密方式，因此可以充分发挥两种加密方式的优点。
- SSL和TLS协议在交换共享密钥时使用的是公开密钥加密，在数据加密中使用的是共享密钥加密。

» Web网站的安全性可通过加密图标确认

证明通信被加密和网站真实性的HTTPS协议

随着人们越来越重视对个人信息的保护，在Web网站输入信用卡号和个人信息时确认通信是否被加密已经变成了理所当然的事情。而另一方面，随着公共无线局域网的普及，越来越多的人开始担心自己在外面连接互联网时，是否存在通信数据被人窃听的风险。

不过也无须太过担心。如果访问的Web网站支持SSL或TLS协议，就会使用一种名为**HTTPS**的协议，那么URL就是以https开头的地址，并且会在其中显示密钥图标。只要单击该密钥图标，页面就会显示该服务器所使用的数字证书，从而证明该网站的**真实性**（**图5-17**）。

Web浏览器会检查这份数字证书是否可以信任，如果是受信任的数字证书，Web浏览器就会接受该证书并显示Web网站；如果是不受信任的数字证书，则会显示“数字证书不受信任”的警告。

推行“全SSL保护”的原因

到目前为止，导入成本高和响应速度慢一直都是SSL加密的瓶颈。因此以往的做法是，要么不进行加密，要么只输入表单的页面支持HTTPS协议。

但是，随着搜索引擎开始全面实施SSL加密后，经过SSL加密的网站会显示在搜索页面中更加靠前的位置，这些变化的出现使得对网站内所有页面进行SSL加密的全SSL保护得到了快速普及（**图5-18**）。如果没有进行SSL加密，不仅会影响企业网站的访问分析，而且还可能会**因为无法显示在搜索结果的靠前位置而导致网站的访问量减少**。

由于**SSL中的加密和解密处理会给Web服务器带来沉重的负担，并且可能会导致响应速度下降**，因此研究者们探讨了大量的方法、对策。例如，通过引入新协议**HTTP/2**来实现高速传输。此外，还可以使用通过一种名为**SSL加速器**的专用硬件进行加密的方式，来降低服务器的运算负载。

图5-17 确认数字证书的内容

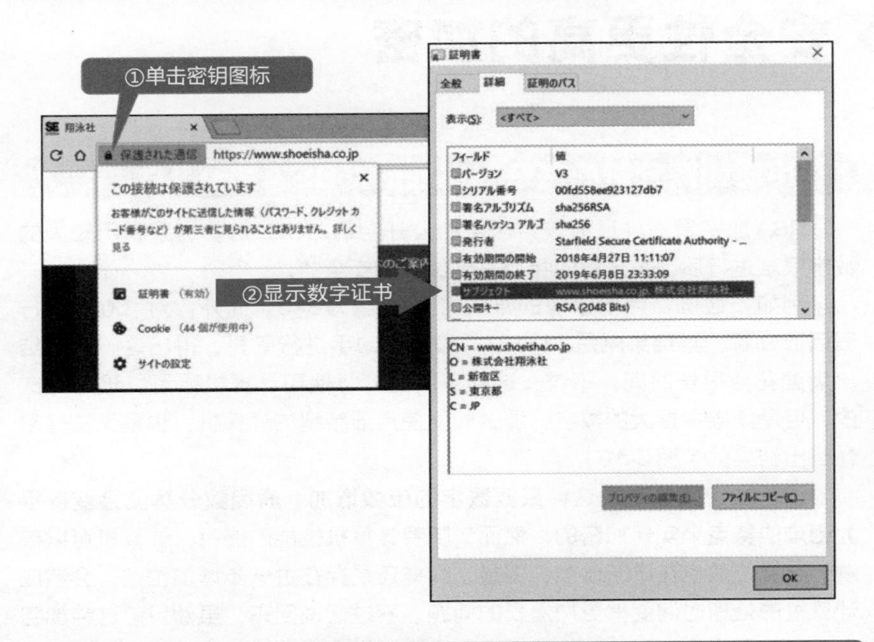

图5-18 基于全SSL保护的所有页面加密

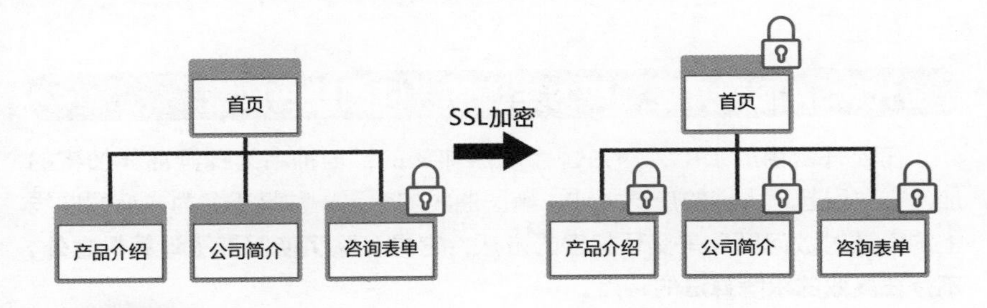

知识点

- HTTPS协议可以使用设置在服务器中的数字证书为通信进行加密，也可以通过数字证书证明网站的真实性。
- 如今的企业不仅需要在安全方面对通信进行全SSL 保护，从商业方面考虑为了让企业的网站能够显示在搜索结果的靠前位置，也需要对企业的网站所有的网页采取全SSL 保护机制。

» 安全性更高的加密

利用质因数分解的复杂性实现的“RSA加密”

RSA加密是一种目前较为常用的公开密钥加密算法。它是利用较大的数字很难进行质因数分解的特点来确保算法安全的。

例如，通过质因数分解的方式将15分解为3×5。此外，对10001进行质因数分解，其结果就是73×137，如果是动手进行笔算，得出这一计算结果需要花费很长时间。不过，这种程度的计算使用计算机是可以迅速完成的，但是如果是更大的数字，那么即便使用最新型的计算机，也是无法轻易计算出结果的（**图5-19**）。

RSA加密就是利用这种**只要数字的位数增加，质因数分解就会变得极为困难的特点**来实现加密的。然而，随着计算机性能的提高，计算机可以破解的数字位数也在不断增加，但是，同样还是存在进一步增加位数，会造成计算机的处理时间变得更加漫长的问题。不过话说回来，虽然目前这种加密方式仍然是安全可靠的，但是已经到了需要为今后的加密方式进行探讨的时候了。

替代RSA加密并逐渐成为主流的“椭圆曲线加密”

在公开密钥加密中，作为替代RSA加密的，一种名为**椭圆曲线加密**的加密方式引起了人们的广泛关注。椭圆曲线加密是一种基于名为“椭圆曲线上的离散对数问题”来实现加密的方法，它具有**除了使用量子计算机之外，不存在高效的求解算法**的特点。

即便使用比RSA加密更短的密钥，椭圆曲线加密也可以确保相同等级的加密方法的安全性，据说160位的椭圆曲线加密就可以达到与1024位的RSA加密等同的安全效果（**图5-20**）。预计未来这种加密方式将在公开密钥加密中发挥核心作用。

SSL加密已经发行了使用椭圆曲线加密的数字证书，而且该数字证书已经达到了可以实际投入使用的水平。越来越多的服务器和浏览器也开始支持这种加密方式，预计将来椭圆曲线加密会成为标准加密方式。

图5-19　RSA加密中使用的质因数分解

加密时	解密时		
3×5=15	15=p×q	→ p=?、q=?	心算也能算出来
73×137=10001	10001=p×q	→ p=?、q=?	使用计算机瞬间就能计算出来

3490529510847650949147849619903898133417764638493387843990820577
×32769132993266709549961988190834461413177642967992942539798288533
=114381625757888867669235779976146612010218296721242362562561842935706935245733897830597123563958705058989075147599290026879543541

114381625757888867669235779976146612010218296721242362562561842935706935245733897830597123563958705058989075147599290026879543541

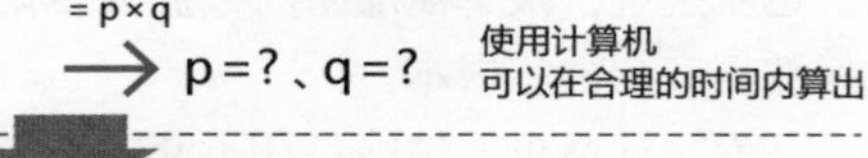

更大的数字 → 即使使用计算机计算也不现实，这就是RSA加密中使用的方法

图5-20　RSA加密和椭圆曲线加密的计算复杂度

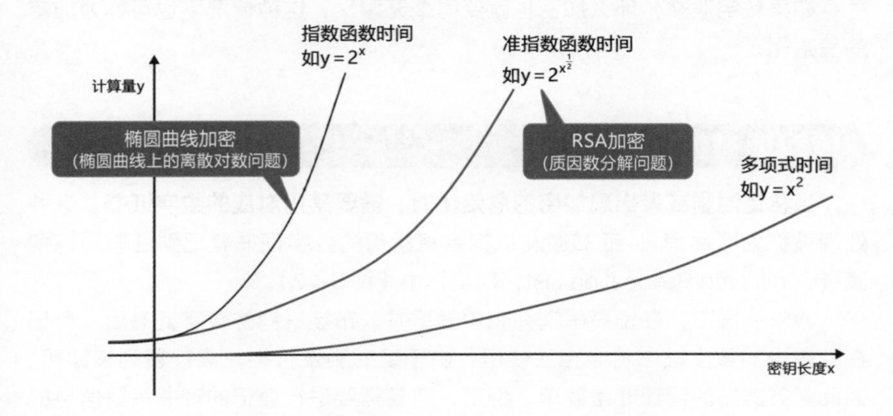

知识点

✐ RSA加密利用的是即便使用计算机进行质因数分解，对于较大的数字也需要花费很长时间的特点来实现加密的。

✐ 由于RSA加密中密钥的位数较多，因此人们已经逐渐开始转向使用能以更少的密码位数实现相同安全性的椭圆曲线加密算法进行加密。

» 如果加密变得不安全，世界会怎样

当加密变得不安全

当不知道密钥的人试图破解经过共享密钥加密或公开密钥加密的数据时，即便是使用最新的计算机，也需要检查数量巨大的密钥，花费大量的时间。也就是说，破解被加密的数据需要花费大量的时间，这些加密方式正是确保数据安全性的根本。

然而，计算机的性能是在不断提升的。这样一来，将来我们就很可能会面临被其他人使用多台高性能计算机找出密钥的风险。那么加密数据的安全性就会变得岌岌可危。这种情况被称为**加密（算法）的危殆化（图5-21）**。当“找到一种可以通过简单的方式对较大数字进行质因数分解的方法”时，也同样会面临加密的危殆化。

如果私钥泄露，那么加密也就变得毫无意义，这种情况下也可称为**加密的危殆化**。

过期证书的管理

当**私钥泄露或者出现加密的危殆化时，需要禁用对应的数字证书**。这种处理被称为“吊销”，证书颁发机构会将禁用的数字证书登记到**证书吊销列表**（Certifi cate Revocation List，CRL）中（**图5-22**）。

通常情况下，在证书吊销列表中登记并公布被吊销的数字证书后，登记在列表中的数字证书将会无法使用。由于证书颁发机构只需设置列表即可，因此服务器端的管理非常简单。但是，随着需要进行登记的证书吊销信息的增加，证书吊销列表的尺寸也会随之增大。另外，每次都需要下载所有的吊销信息也是比较麻烦的事情。

可以通过使用**OCSP**（在线证书状态协议）的方式来解决上述证书吊销列表的问题。使用OCSP，只要发送需要查找的数字证书信息，服务器端就会确认该证书是否被登记在证书吊销列表中。虽然OCSP的优点是，即使证书吊销列表尺寸增大也不会多占带宽，但是由于它需要实现响应请求并返回结果的处理，因此会增加管理服务器的负担。

图5-21　加密的危殆化

计算机性能提升	新的计算方法	密钥泄露
● 高速化 ● 并行化	● 发现算法缺陷 ● 更高效的求解	● 不正确的管理 ● 泄露到外部

图5-22　CRL（证书吊销列表）

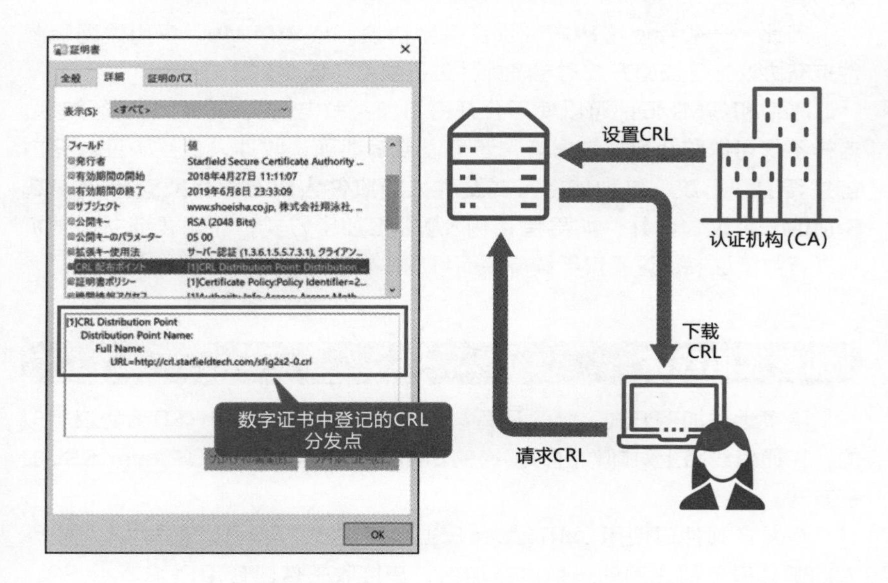

知识点

- ✐ 计算机性能的提高、并行计算的发展、加密算法的缺陷或者有效的破解方法的发现，都可能会导致加密的危殆化。
- ✐ 证书颁发机构只要将失效的数字证书登记到证书吊销列表中，就可以将已经发行的数字证书吊销。

» 增强电子邮件的安全性

电子邮件的加密

在发送和接收电子邮件时通常会使用名为**SMTP**（简单邮件传输协议）和**POP**（邮局协议）的协议。但是，使用SMTP和POP协议的电子邮件会以明文的形式发送和接收。也就是说，从技术上是可以做到窃听和篡改数据的。

因此，一般会使用**PGP**（优良保密协议）或**S/MIME**（多用途网际邮件扩充协议）等加密方式对电子邮件进行加密（**图5-23**）。

PGP和S/MIME都可以使用公开密钥加密和电子签名的方式进行加密。这样不仅可以防止数据被窃听，还可以准确地确认收件人，并验证数据内容是否遭到篡改。这种加密方式**发件人和收件人双方都必须支持PGP或S/MIME协议**。此外，如果是使用S/MIME加密方式，还需要证书颁发机构发行数字证书，这不仅手续麻烦而且成本较高。

加密通信线路

除了上述加密方式之外，还有与用于浏览Web网站的HTTPS协议类似的，在通信线路上对邮件进行加密的**SMTP over SSL**和**POP over SSL**加密方式。

在发送邮件时使用SMTP over SSL加密方式，就可以对发件人和发件人的邮件服务器之间的通信进行加密。在接收邮件时使用POP over SSL，就可以对收件人的邮件服务器和收件人之间的通信进行加密（**图5-24**）。

但是，上述加密方式是无法对邮件服务器之间的通信进行加密的，因此以前并没有得到大量普及。最近由于Gmail等邮件服务器支持服务器之间的加密通信，因此如果使用这种服务器，就可以**保证以往没有进行加密的、属于公司加密范围之外的通信线路也会被加密**，故而很多企业纷纷采用了这种加密方式。此外，这种加密方式也不像S/MIME加密方式那样需要单独发行数字证书。

图5-23　PGP和S/MIME的加密范围

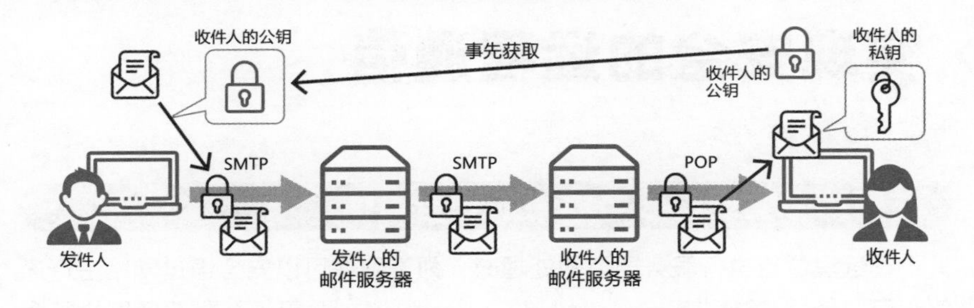

图5-24　SMTP over SSL和POP over SSL的加密范围

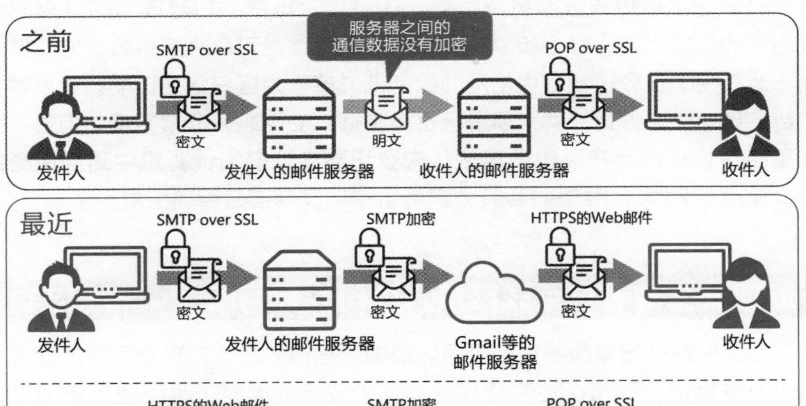

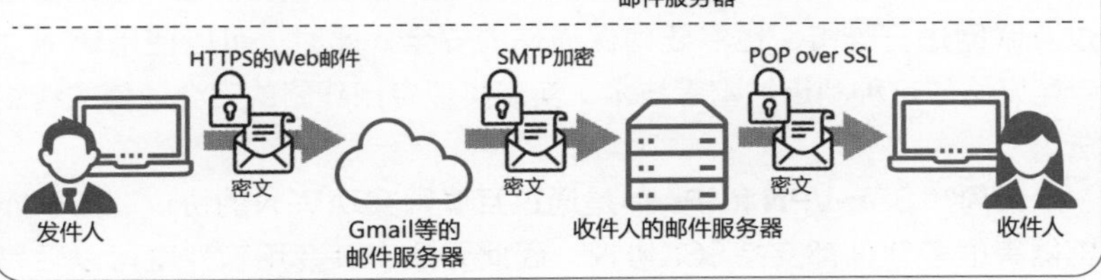

知识点

- 以往的电子邮件都是使用PGP和S/MIME对数据进行加密的，这类加密方式需要发件人和收件人双方都支持相关协议才能实现加密。
- SMTP over SSL和POP over SSL作为加密邮件的方法，已经开始用于通信线路中，邮件服务器对这些协议的支持也在逐步推进。

» 实现安全的远程通信

在网络中实现与服务器间的安全通信

在远程位置执行服务器端的处理时，为了确保可以安全通过网络进行通信，可以使用**SSH**（安全外壳协议）。这一协议主要用于登录服务器执行命令，或者将文件复制到其他计算机中。因此，当需要确保数据的保密性时，就可以使用SSH对通信数据进行加密。

SSH除了可以验证服务器之外，还可以对用户进行验证。通过SSH验证用户的方式有密码验证和公钥验证等。当然，也可以将多种验证方式结合在一起使用。在公钥验证中使用的数字证书被称为**客户数字证书**。只要对客户数字证书进行设置，就无须进行密码验证，使用起来非常方便。但是，即使是经过授权的用户，**也是无法从未登记数字证书的计算机中访问服务器**的。在图**5-25**中，对SSH和其他通信协议以及通信是否加密进行了总结。

如何安全地通过互联网接入公司内部网络

当我们在外出差需要访问公司内部的数据时，即使在离公司较远的地方通过互联网进行连接，也需要确保通信的安全。此时，可以使用**VPN**（虚拟专用网络）这种利用加密等技术，实现类似专用线路的安全通信的线路的方法。

众所周知**SSL-VPN**和**IPsec**是通过互联网实现VPN的协议。由于Web浏览器等很多软件都支持SSL协议，因此无须安装专用软件就可以轻易地启用SSL-VPN。由于SSL只对Web浏览器等特定的应用程序加密，因此它并不是通用的。

我们也可以使用IP层次的IPsec进行加密。由于IPsec是网际层的协议，因此**位于上层的应用程序可以无须在意是否加密**，以通用的方式对通信进行加密（图**5-26**）。

图5-25 每个协议是否加密（Telnet和SSH、FTP和SCP）

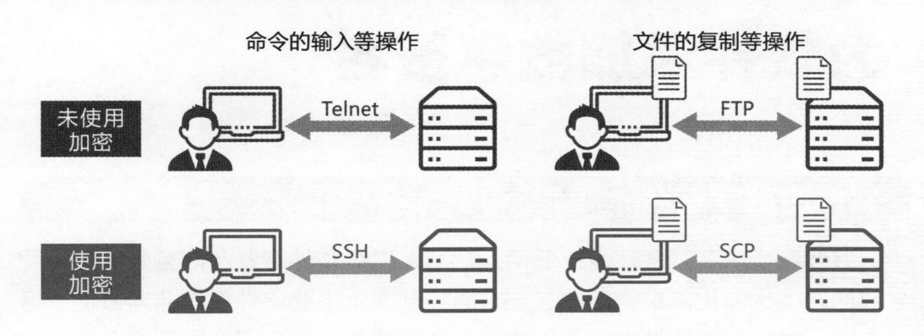

图5-26 SSL-VPN和IPsec

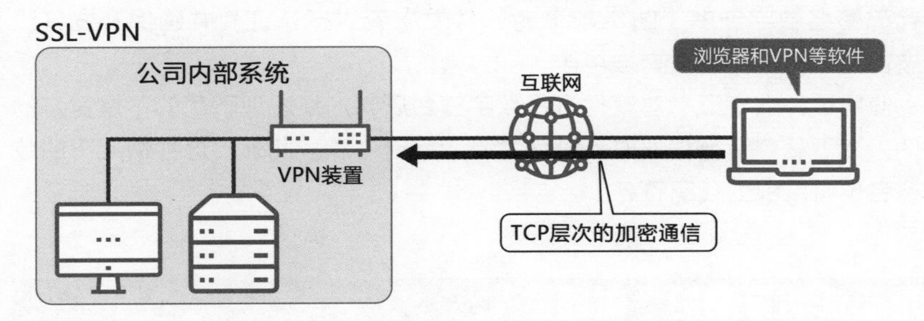

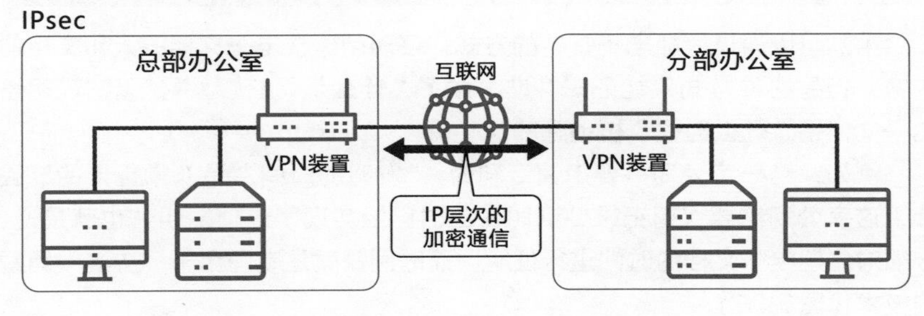

知识点

- SSH 是一种常用的对输入命令和转发文件等操作进行加密的方法。
- 从外部访问公司内部的通信通常需要使用VPN 进行加密，而经过互联网的通信则通常会使用SSL-VPN 或IPsec 协议进行加密。

为软件添加数字签名

软件的数字签名

只要准备好了开发环境，任何人都可以进行软件开发，而且要创建相同名称的软件也非常简单。因此，一方面，从网上下载软件变得非常方便；另一方面，对现有的软件进行篡改并嵌入恶意软件，或者冒充官方的开发人员发布虚假软件的行为也层出不穷。

那么，要在这种网络环境中保护用户免于面临上述风险，我们就需要使用**代码签名数字证书（图5-27）**对软件发布者进行认证，并确保开发者没有被冒充，软件内容没有被篡改。

使用这种数字证书对软件进行数字签名后，如果发现下载的不是官方的软件，在下载或运行程序时系统就会显示警告信息。此外，这种情况下的数字签名也可以称为**代码签名**。

用于证明日期的“时间戳”

虽然可以通过添加电子签名的方式，证明创建该电子文档的人和文档的内容，但是这种方式只能证明**“谁”做了“什么”**。也就是说，无法证明该电子文档是**“什么时候”被创建的**。

例如，当一家公司需要申请专利时，“发明的时间”是非常重要的。因此，这家公司需要保留记录并证明在当时已经实现了这项发明。也就是说，必须对创建电子文档的时间进行证明。而**时间戳**就是专门用于解决这一问题的技术（**图5-28**）。

时间戳大致有**存在证明**（在某个时间已经存在该文档）和**完整性证明**（该文档未被篡改）这两种用法。

图5-27 代码签名数字证书的原理

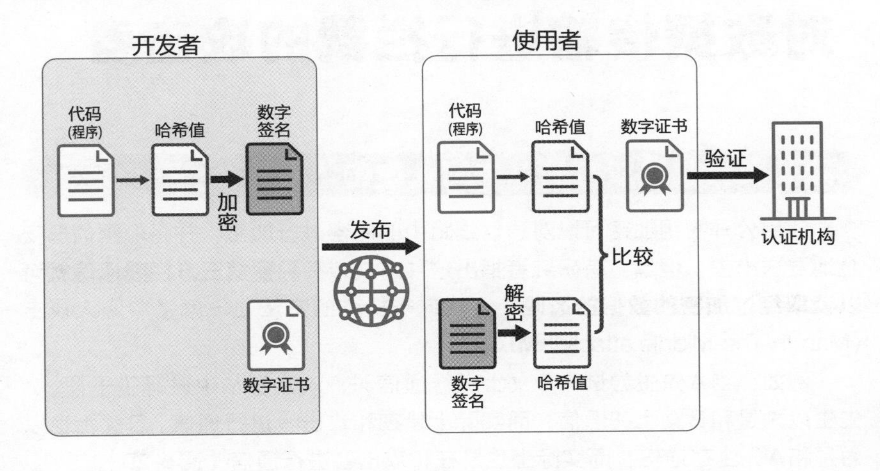

图5-28 通过时间戳和电子签名证明

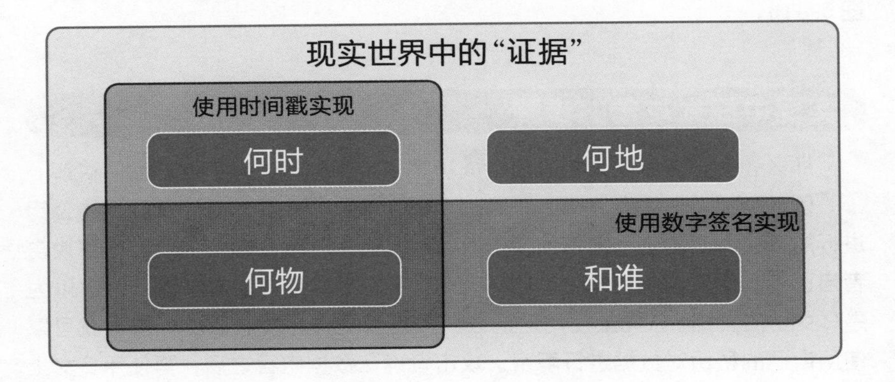

知识点

- 可以使用代码签名认证软件的发布者，并证明软件未遭篡改。
- 使用时间戳可以证明电子文档是在"何时"创建的。
- 可以将时间戳用于存在证明和完整性证明中。

» 对数据传输进行拦截的攻击者

欺骗数据收发双方的"中间人攻击"是什么

使用公开密钥加密可以对通信线路中的内容进行加密，并将加密信息安全地发送出去。但是，有研究者指出这种方式存在**只要第三方拦截通信就可以读取经过加密的数据的风险**。实现这一操作的方法之一就是**中间人攻击**（Man-In-The-Middle attack，**MITM**）。

例如，当A先生尝试与B女士进行通信时，攻击者从中进行了干预。A先生以为是和B女士在通信，而实际上是在和攻击者进行通信。B女士也以为是和A先生在通信，而实际上也是在和攻击者进行通信（**图5-29**）。

要防范中间人攻击，**确认通信对象发行的数字证书中的内容就是一种有效的预防措施**，例如，可以使用**EV SSL 数字证书**等方法（**图5-30**和**图5-31**）。

实现中间人攻击的步骤

那么，为什么中间人的攻击会成功呢？接下来将进行更加详细的讲解。

例如，当A先生向B女士发送信息时，A先生会尝试使用B女士的公钥进行加密。而知道这一通信的攻击者会加入进来并冒充通信的双方，将攻击者自己的公钥发送给A先生。这样一来，A先生就会将攻击者的公钥误以为是B女士的公钥。A先生使用这把公钥加密数据并将发送后，攻击者就可以使用自己的私钥对数据进行解密。攻击者确认数据内容之后，再使用B女士的公钥进行加密，神不知鬼不觉地将数据发送给B女士。

虽然B女士使用自己的私钥解密数据，对接收到的信息进行确认，但是实际上这一过程是被攻击者窃听了的。攻击者不仅可以窃听内容，甚至还可以篡改其中的内容再将信息发送给B女士。因此，即使发送的内容和接收的内容发生了变化，A先生和B女士也是注意不到的。

图5-29 中间人攻击

图5-30 SSL数字证书的种类

种类	DV	OV	EV
审查	只对域名所有权进行审查	确认运营者的真实性	严格审查运营者的真实性
价格	便宜	⟷	高昂
个人获取	○	×	×
在地址栏中显示组织名称	×	×	○
使用较多的网站	个人网站等	公司网站等	金融机构等

注：上述证书类型在加密强度上并没有区别，对于普通用户来说，DV和OV看上去差不多。

图5-31 EV SSL数字证书与其他数字证书在显示上的区别

EV SSL数字证书情况

使用绿色显示

IPA 独立行政法人 情報処

Information-technology Promotion Agency, Japan [JP]

EV SSL数字证书以外的情况

知识点

✐ 虽然使用公开密钥加密可以对通信线路进行加密，但是第三方可以通过中间人攻击的方式窃取通信数据。

✐ 确认数字证书是一种防止中间人攻击的有效手段，使用EV SSL数字证书更改地址栏的外观是一种有效的防范措施。

开始实践吧

尝试检查文件数据是否被篡改

在下载文件时，有时会看到与文件一同发布的对应哈希值。因此，对下载的文件的哈希值进行计算，并对计算的结果和发布的哈希值进行比较，就可以检查该文件的内容是否被篡改。

例如，如果是Windows系统，就可以在命令行中输入certutil命令并执行下列处理。

第6章

组织机构的安全防范对策——

如何应对大环境的变化

» 确立组织性的方针

信息安全相关的方针

信息安全策略体现的是机构组织对与其自身信息安全层面相关的基本理念。它通常是由**基本方针**、**对策基准**、**实施步骤**等部分构成（**图6-1**）。某些中小企业可能并没有制定信息安全策略，但是如果没有制定相关策略，就无法将信息安全对策统一起来，从而导致无法进行正确的管理。因此，为了让整个组织能够实施准确且有效的对策，需要通过“制定文件”的方式，制定通用的规范。

当然，其具体内容也会根据组织的不同而存在差异。根据管理的信息、销售的商品以及所处环境的不同，公司面临的风险也会有所差异。而且，采取面面俱到的对策是需要花费大量时间和财力的。因此，需要根据组织自身的情况制定合适的信息安全策略，对于那些风险程度较高的信息，则应采取万无一失的对策。

然而，制定好信息安全策略也并不表示就可以高枕无忧了。随着时代的发展，组织所处的大环境也在不断变化，新型的攻击手段也会层出不穷。为了应对这类风险的变化，就需要重新制定信息安全策略。因此，只有**反复不断地进行修正，才可能制定出与时俱进的信息安全策略**。

个人隐私保护相关的方针

通常情况下，企业会将**个人隐私策略**作为组织“保护个人信息的理念”公布在Web网站等公开渠道中（**图6-2**）。企业的隐私策略中通常会记载企业收集个人信息的目的和管理体制等内容，企业在获取个人信息时，需要据此获得客户同意。即使是同一家企业，根据收集项目的不同，使用目的和使用范围也不同。

企业在使用个人信息数据时，需要确认是否会与企业的个人隐私策略相冲突。因为在某些情况下，“汇总用户信息”和“创建统计数据”这类的操作可能会违反其中的某些条款。因此，**虽然是自己公司收集的隐私数据，也需要注意不能随意使用**。

图6-1 信息安全策略的构成

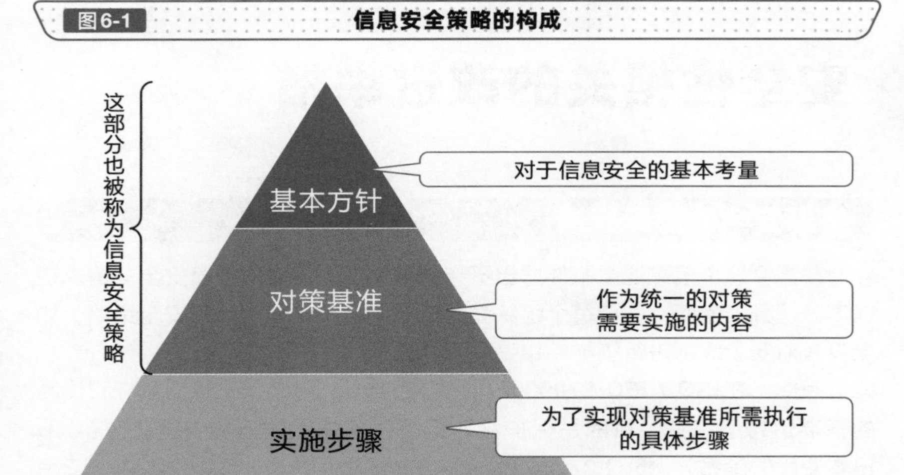

图6-2 个人隐私策略的构成示例

①个人隐私策略的适用范围
②获取信息的经营者姓名或企业名称
③计划获取和实际获取的个人相关信息的种类
④可以确定获取信息的方法时，需要对方法进行说明
⑤个人信息的相关用途
⑥如果将个人信息提供给第三方或与第三方共同使用时，需要进行说明
⑦请求公开个人信息的受理方法以及规定手续费的情况下，需要进行说明
⑧个人信息处理相关的咨询窗口、联系方式、联系方法（办理手续）

来源：普通社团法人日本互动广告协会《隐私策略创建指南》。

知识点

- 企业需要制定安全策略让全体员工具有共同的安全意识，并且需要顺应时代的变化不断地修正信息安全策略。
- 在管理个人信息数据时，需要确认组织制定的个人隐私策略，并在规定允许的范围内进行相关处理。

» 安全性相关的改进举措

信息安全的国际标准

在当今这个信息泄露事件层出不穷的时代，人们对于信息安全的需求正在不断提升。然而，即使每个组织都制定并运用了自己的信息安全策略，如果没有对安全级别进行统一，也是毫无意义的。

因此，在**ISO / IEC 27000**系列国际标准中，对必须采取的措施和体系的标准进行了定义，目的是保护企业组织在整体上的信息安全（**图6-3**）。日本使用的是名为**JIS Q 27000**系列标准的翻译版本。

ISMS（Information Security Management System，**信息安全管理体系**）是认证企业组织是否满足这些标准中制定的基准的机制。只要企业组织的运营体制能够通过认证机构的审核，就可以获得该体系认证资质（**图6-4**）。

具有与ISMS相似定位的还有**ISO 9000**质量系列标准和**ISO 14000**环境管理系列标准，也**可以将这些国际标准用于企业的运营体制的宣传中**。

通过PDCA循环持续提高安全性

ISMS体系中规定了可有效且持续保护信息安全的规则，也就是所谓的**要求**。企业需要根据这些要求制定管理策略的具体实施步骤，并且必须落实和施行所有的步骤。

此外，不能仅仅只是实施对策，为了实现持续不断的改进，还需要不断地重复由Plan（计划）、Do（执行）、Check（检查）、Act（处理）这四个步骤组成的**PDCA循环**，来不断地完善对策（**图6-5**）。

虽然最新的**JIS Q 27001：2014**标准中并没有对PDCA进行明确的规定，但是从之前的JIS Q 27001：2006标准开始，就一直要求必须实施PDCA循环。

图6-3 **ISO/IEC 27000系列标准的内容（部分）**

ISO/IEC 27000	ISMS——概要与基本术语集
ISO/IEC 27001	ISMS——要求
ISO/IEC 27002	信息安全管理对策的实践规范
ISO/IEC 27003	ISMS——导入的相关步骤
ISO/IEC 27014	信息安全治理

图6-4 **ISMS的运营体制**

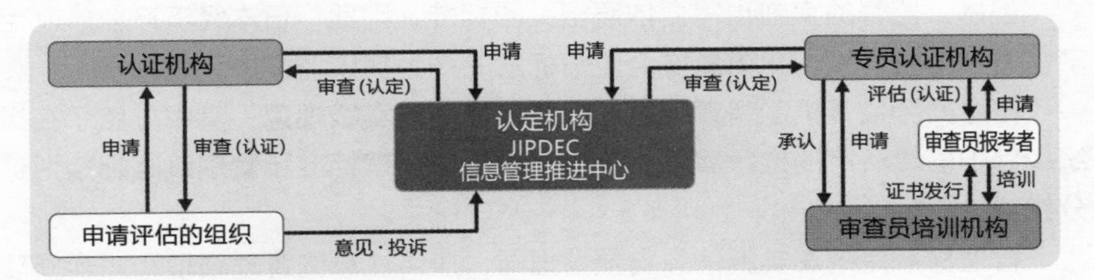

来源：日本信息经济社会推进协会《信息安全管理系统合规性评估制度的概要 JIS Q 27001: 2014(ISO/IEC 27001: 2013)对应版》。

图6-5 **通过PDCA循环改善ISMS**

知识点

- ISO / IEC 27000 系列是证明组织机构实施信息安全管理的国际标准，而ISMS则是证明组织机构是否符合这一国际标准的体系。
- 企业需要通过重复PDCA 循环的方式，持续不断地完善信息安全对策。

» 运用信息安全监督机制提升安全等级

信息安全监督标准已成为事实标准

为了提升信息安全的等级，在遵循国际标准的同时进行信息安全监督是一种行之有效的方法。而通过第三方机构进行监督，可以判断组织自身的管理实际达到了哪个级别（**图6-6**）。

但是，监督的实施也需要依照相关的标准。因此，日本经济产业省制定了**信息安全监督机制**和**信息安全监督标准**来作为实施监督的具体标准。

信息安全监督机制是**管理者在实际管理中的实践规范**，其中总结了在组织中保护信息资产的推荐案例。该监督机制由**管理标准**和**管理策略标准**两部分组成。

管理标准是指在实施信息安全管理时，应当注意的管理事项和对实施项目的总结。原则上所有项目都必须实施。

管理策略标准是指在建立信息安全管理机制的阶段，应当根据什么样的标准来制定管理策略。需要根据组织的实际情况制定最佳的标准。

信息安全监督标准已成为监督标准

信息安全监督标准是对**监察人员应当执行的监督项目的总结**。监察人员需要根据信息安全监督标准来实施信息安全的监督工作。其目的在于“确保监察业务的质量”和“实施有效且高效的监察”。

遵照该标准开展监察工作，能够达到两种效果，即保证正确性（**保证型监察**）和获得准确且有利于改进工作的建议（**建议型监察**）（**图6-7**）。

图6-6 信息安全监督的流程

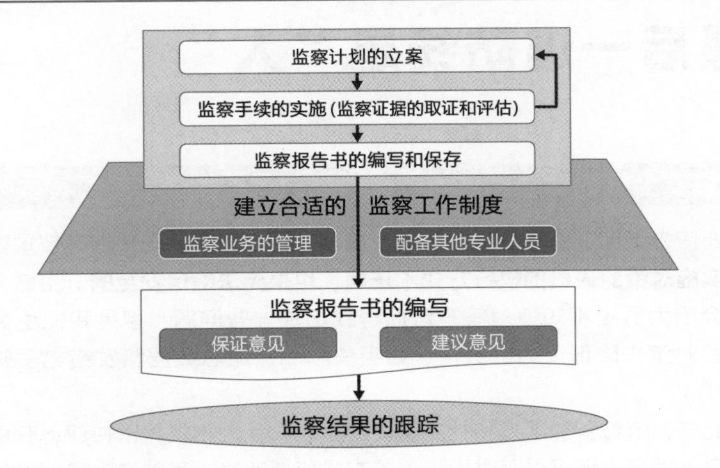

来源：基于日本经济产业省《信息安全监督标准实施标准指南Ver1.0》绘制。

图6-7 信息安全监督机制中的成熟度模型※1

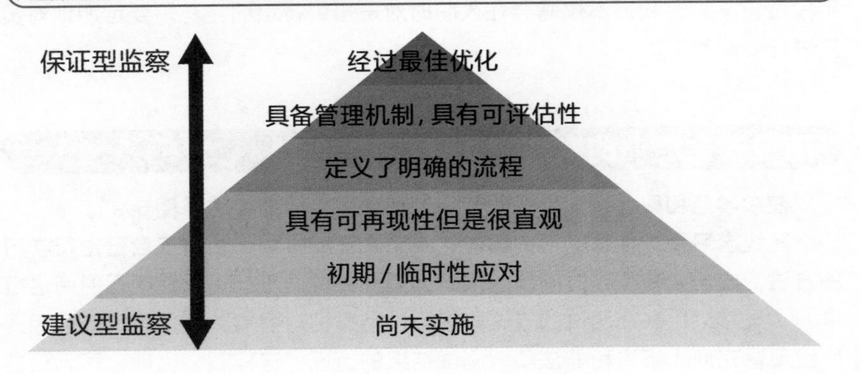

知识点

- 应当根据组织的信息安全成熟度来选择管理策略的标准并实施监察。
- 遵循信息安全监督标准可以确保监察的质量和监察的有效实施。

※1 成熟度模型：是一种根据等级划分指标和标准的模型，是一种用于衡量整个组织是否对管理流程进行了正确的定义，并按照标准流程运营的机制。

» 最后一道防线是“人”

信息安全培训的必要性与社交媒体时代的挑战

即使为了保证信息安全，实施了加密、认证和安装防火墙等技术性的对策，**实施对策的人员的执行方式不正确，也是无法确保安全的**。虽然有时候可能会因为员工不知道对策方法而导致出现一些问题，但是我们也需要实施相关对策来降低人为的失误，如丢失物品、遗忘数据和发错电子邮件等（图6-8）。

此外，随着智能手机和社交媒体的出现，我们不仅可以快速地获取最新的消息，很多人还可以通过很简单的方式传播消息。虽然这为我们的生活带来了极大的便利，但是我们应当明白，在这种情况下也同样增加了信息泄露和版权被侵犯的风险。

因此，针对员工的**信息安全培训**就成了必须要做的事情。由于新型攻击手段层出不穷，我们不仅需要在入职时对员工进行培训，还需要定期地对员工进行安全教育。

信息安全培训的实施方法

在线学习和**集体培训**是企业常用的信息安全培训方法（图6-9）。

在线学习是一种将学习内容发送到个人计算机中，让员工自己进行学习的方法，由于没有工作时间段的限制，因此每位员工都可以在闲暇时间进行学习。虽然采用在线测试的方式管理测试结果相对容易，但是也可能会因此而出现冒充他人听讲和非法获取测试结果的情况，这样就会出现公司无法准确地把握员工对信息安全理解程度的问题。

而采用集体培训的方法对员工进行面对面的安全教育，讲师就可以灵活地运用各种不同的培训方法。由于讲师可以当场确认出勤情况，因此员工就很难以冒充他人的方式来完成学习。但是，要在工作时间段召集所有员工一起进行培训也绝非易事。此外，还需要聘请讲师并支付相关费用。

图6-8 因“人”造成的安全风险

社会工程

- 电梯中的交谈、来自背后的窥视
- 从垃圾箱中泄露信息等

丢失或被盗

忘记在高铁上的行李等

误操作

发错电子邮件、文件共享设置错误等

在社交媒体中发帖

发布不当内容等

图6-9 安全教育的实施

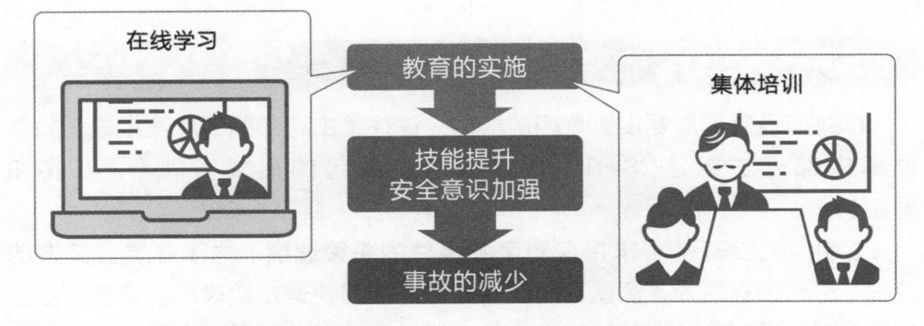

单纯实施安全教育是不够的，重要的是要评估实际效果

知识点

- 由于无法通过技术对策防范“人”的问题，因此企业需要采取定期对员工进行信息安全教育等措施。
- 实施信息安全培训的方法有在线学习和集体培训等，我们需要理解它们的优点和缺点，并根据具体情况对员工进行培训。

突发事件的早期应对

应对突发事件的组织体制

到目前为止，很多经营者都将安全视为一种“成本”。而且指派其他部门负责人兼任安全管理职位的情况也不少。由于负责人是在本职工作之余，管理安全方面的工作，因此必然存在将安全相关的业务往后推延的情况。

但是，由于**突发事件**（安全事件）对企业的影响越来越大，不少企业也开始强化安全监督体制，并设置专门分析事件原因和确定其影响范围的部门。

常用**CSIRT**（Computer Security Incident Response Team，计算机安全事件响应小组）这一名称来指代负责计算机安全工作的团队。此外，在某些情况下，企业还会设置**SOC**（Security Operation Center，安全运营中心）负责监视日志和发现突发事件。

CSIRT和SOC的架构与应对内容

CSIRT通常不需要设置专门的部门，往往是由跨部门的成员组成。如果公司内部无法组建CSIRT，也可以通过外包的形式实现（**图6-10**和**图6-11**）。

企业对CSIRT的要求是应对突发事件的**决策速度**。为了在事件突发的情况下进行快速应对，团队平时就需要做好能够快速发现攻击的事先准备工作和应对突发事件的训练。当发生信息泄露事件时，如果没有及时进行初期应对，并且错过了公布信息的时机，这将会极大地增加企业的损失。

因此，**在突发事件管理中不仅需要在发生事件的过程中进行正确的管理，还需要实施预防对策和采取事后对应措施**（**图6-12**）。在组织内部组建CSIRT，不仅有利于公司内部共享信息，而且在促进与其他公司的信息协调等方面也发挥着极为重要的作用。

图6-10 由不同领域的专家组成的CSIRT

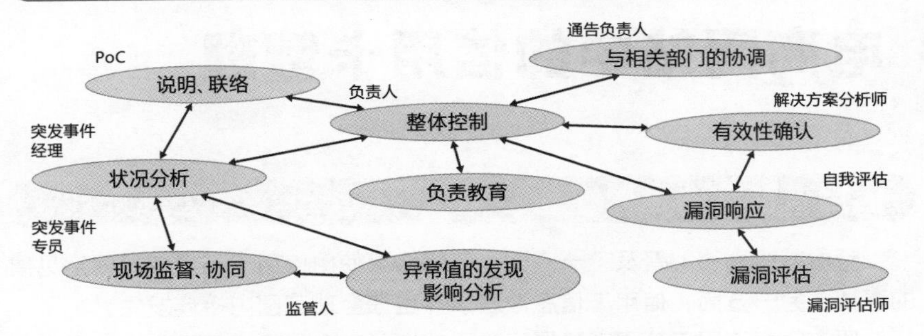

来源：日本计算机突发事件响应团队协会CSIRT人才工作小组《CSIRT人才的定义与保障（Ver. 1.5）》。

图6-11 基于CSIRT与其他部门的合作

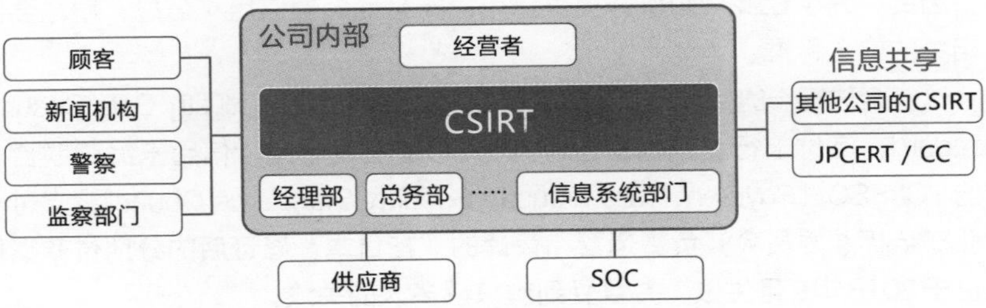

顾客
新闻机构
警察
监察部门
公司内部
经营者
CSIRT
经理部
总务部
……
信息系统部门
供应商
SOC
信息共享
其他公司的CSIRT
JPCERT / CC

图6-12 CSIRT的对应范围

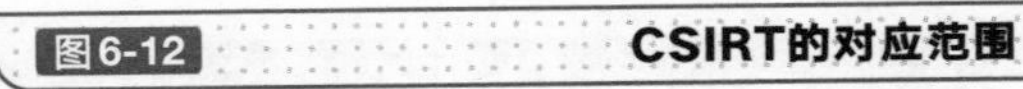

知识点

- 越来越多的企业选择构建CSIRT的机制来应对突发事件。
- CSIRT的对应范围也包括预防对策、紧急对应和事后对应。

» 电商网站中的信用卡管理

信用卡管理的世界标准

随着网络购物的普及，一方面，在网络上使用信用卡已经成了司空见惯的事情；另一方面，信用卡信息泄露事件也在全球范围内接连发生。

原本每家信用卡公司都设置了自己独自的安全等级，但是客人在同一个商店（网络购物网站等）使用多张不同的信用卡进行购物已经是非常普遍的事情，因此，如果每家信用卡公司的标准都不一样，要全面应对所有的安全问题也的确很困难。

因此，为了让商店和服务提供商可以安全地处理信用卡信息，就需要制定相关的安全标准。

这一全球统一的标准就是**PCI DSS**（Payment Card Industry Data Security Standard，支付卡行业数据安全标准），它是由五个国际信用卡品牌联合创立的PCI SSC（Payment Card Industry Security Standards Council，支付卡行业安全标准委员会）负责运营和管理的。在日本，修订后的分期付款销售法也于2018年6月生效，并且受到越来越多人的关注。

PCI DSS中的标准要求

PCI DSS标准中规定了6大标准和12项要求（**图6-13**）。商店和服务提供商必须遵守所有的要求。如果企业通过自身或者第三方机构可以证明自己符合PCI DSS标准，就可以获得认证（**图6-14**）。

通常情况下，PCI DSS是**根据公司每年办理的结算次数对认证等级进行分类**的，位于最高等级的公司需要接受由认证审查机构执行的年度回访审查。而位于1~3等级的公司则需要接受由经过认证的扫描供应商执行的季度漏洞扫描和年度渗透测试等审查。

图6-13 PCI DSS中的标准要求

安全网络的构建和维护

要求1：为了保护金卡会员的数据，安装防火墙并加以维护
要求2：在系统密码以及其他安全参数中避免使用厂家提供的默认数据

金卡会员数据的保护

要求3：对保存的金卡会员数据进行保护
要求4：在开放的公用网络中传输金卡会员数据时，对数据进行加密

漏洞管理程序的维护

要求5：保护所有的系统免受恶意软件的侵害，并定期升级反病毒软件和程序
要求6：开发和维护具有高安全性的系统和应用程序

强大的访问控制方法的引入

要求7：将对金卡会员数据的访问限制在业务目的的必要范围之内
要求8：对系统组件的访问的确认和许可
要求9：限制对金卡会员数据的物理性访问

网络的定期监视及检查

要求10：对网络资源和金卡会员数据的所有访问进行跟踪和监视
要求11：对系统安全和业务流程进行定义性的检查

信息安全策略的维护

要求12：维持针对所有负责人的信息安全应对措施

图6-14 PCI DSS中审查和认证的流程

知识点

- 网络购物网站等商家需要遵照PCI DSS 标准确保信用卡信息数据的安全。
- PCI DSS 是根据结算处理次数划分认证等级的。

» 自然灾害对策也是安全的一环

防范自然灾害与网络恐袭

我们之前已经讲解过，信息安全的三要素包括“机密性”“完整性”和“可用性”（参考1-5节）。然而，当系统发生故障时，是无法确保可用性的，当**发生地震和火灾等灾害而导致系统无法使用时，系统也处于一种无法确保可用性的状态**。除此之外，在某些情况下系统还可能遭受网络恐怖主义的攻击。因此，我们需要避免这些可能导致公司业务停滞的事件发生，即便是出现了类似的情况，我们也必须努力确保**能够维持最基本的业务和实现快速恢复**。

如果我们没有制定预防策略，当问题发生时就可能会措手不及，因此需要在发生灾难之前就制定好相关计划，这种计划被称为**BCP**（Business Continuity Plan，**业务持续性计划**）（**图6-15**和**图6-16**）。

除了需要制定计划之外，还需要构建可持续改进的管理系统。这种系统被称为**BCM**（Business Continuity Management，**业务连续性管理**）。

将业务的影响明晰化的BIA

在考虑制定业务持续性计划时，需要根据预估的灾难规模，采取不同的预防措施。因此，要从定量和定性的角度对业务中止时的影响和风险进行评估，并制定业务持续性计划。这一过程被称为**BIA**（Business Impact Analysis，**业务影响分析**）。

如果要将公司长久经营下去，就需要分析哪些业务中会存在风险，如果停止该项业务会造成多大的损失，一旦业务停止需要多长时间才能恢复等问题。

由于我们处在一个瞬息万变的时代，因此，需要在运用业务持续性计划不断完善安全对策的同时对新的风险及其对策进行探讨（**图6-17**）。

图6-15 BCP的作用范围

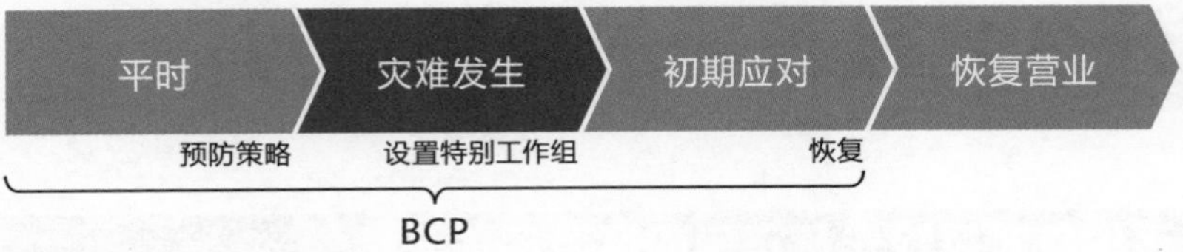

平时
灾难发生
初期应对
恢复营业
预防策略
设置特别工作组
恢复
BCP

图6-16 预防措施的例子

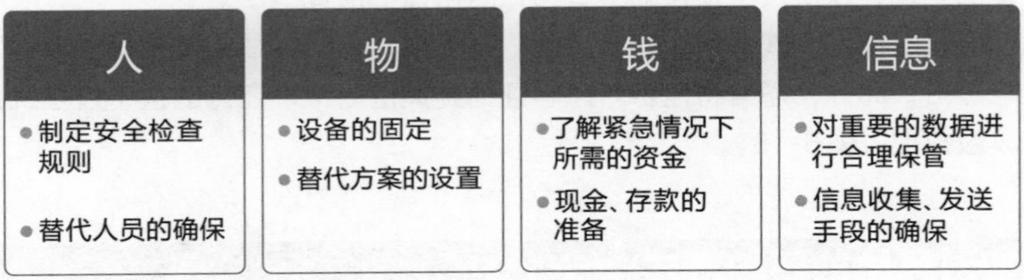

人
●制定安全检查规则
●替代人员的确保
物
●设备的固定
●替代方案的设置
钱
●了解紧急情况下所需的资金
●现金、存款的准备
信息
●对重要的数据进行合理保管
●信息收集、发送手段的确保

图6-17 BCP的运营流程

确认重要度和优先级
设置目标恢复时间
BIA的实施
预防措施的实施、制度的建立、
培训计划的制定等
BCP的制定
根据BCP实施对策和展开教育
以应对实际的灾难
BCM的运营
效果验证
持续性改进
P
D
C
A

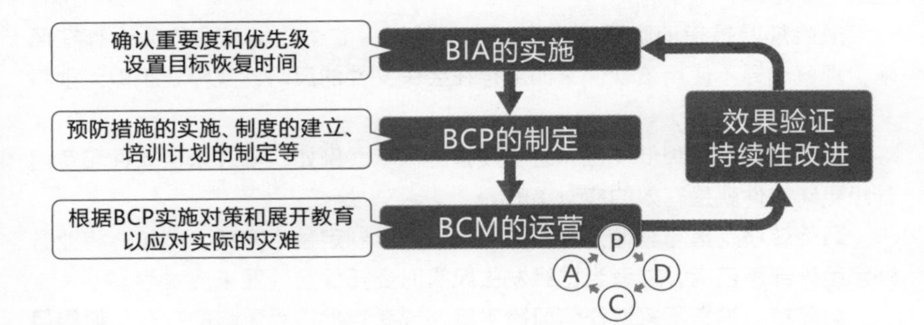

知识点

- 为了迅速应对来自自然灾害和网络恐怖主义袭击的损害，需要提前做好预防措施，思考制定业务持续性计划的目的，并且制定相关计划。
- BCP、BCM、BIA 这些措施不是实施一次就可以高枕无忧了，还需要根据时代的变化和具体的业务情况对它们进行持续的审查和完善。

» 什么才是正确的风险应对

正确应对风险先从正确的风险评估开始

为了保护信息资产，需要思考每个单独的管理对象会存在哪些风险，正确地对每项信息资产进行评估，评估其是否存在风险，发生损害时会带来什么样的影响，以及发生损害的频率和恢复所需的时间。

通过这样的方式识别和分析风险，并对风险进行评估的整个过程被称为**风险评估**。此外，通常将包含"风险评估到风险对策"在内的整个过程统称为**风险管理**（**图6-18**）。

应对风险的四种方式

在对风险进行分析和评估之后，还必须要思考如何应对风险。应对风险的方式通常可分为**风险规避**、**风险降低**、**风险转移**、**风险持有**四种（**图6-19**）。

风险规避是指消除风险本身。也就是说，如果使用某个软件会存在风险，那就选择不使用该软件；如果存在丢失文件的风险，就需要采取无须将文件带出公司的方法。

风险降低是指降低发生风险和损害的概率。例如，安装杀毒软件和定期升级更新软件就是有效的应对策略。

风险转移是指与其他公司分摊风险，或者制定替代方案。例如，将业务外包给外部承包商，或者当已经发生风险时委托保险公司来应对等。

风险持有是指不采取任何风险对策，或者坦然接受风险的存在。**如果风险带来的影响不是很大，那么从成本方面考虑不实施风险对策也不失为一种选择**。

图6-18 风险管理与风险评估

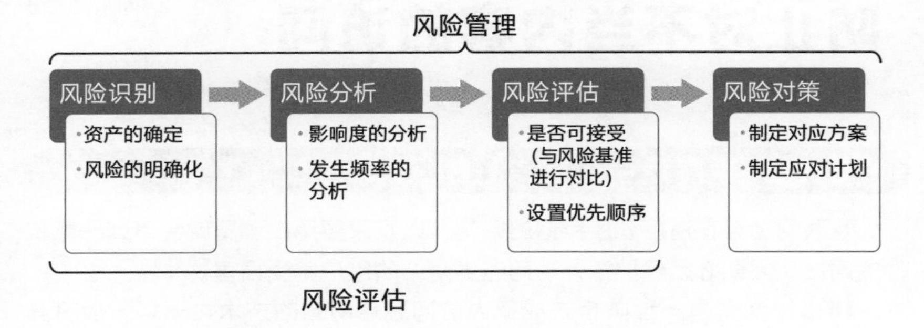

图6-19 风险对策的种类

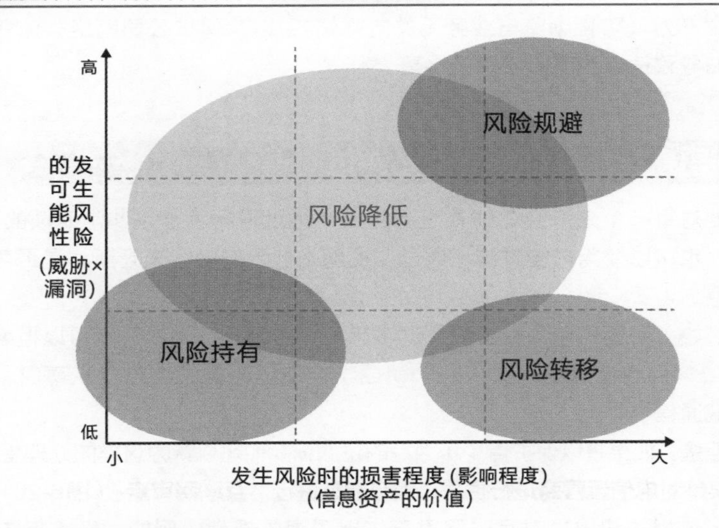

来源：基于日本信息化处理推进机构（IPA）的网站绘制。

知识点

- 将从风险评估到制定对策的整个过程统称为风险管理。
- 风险对策大致可分为四种，需要根据发生风险的概率和可能造成的损害程度来考虑应当采用哪种对策。

》防止对不当内容的访问

企业也开始广泛引入的"URL过滤"

互联网上存在违反公序良俗的网站，以及只要用户浏览就会下载恶意软件的网站。因此必须保护意外访问这类网站的用户免受损害。

URL过滤就是一种防止未成年人访问恶意网站的技术之一。一般将其用于判断用户尝试访问的URL是否被包含在有害URL名单中（**图6-20**）。

近年来，越来越多的企业开始引入URL过滤机制，主要目的是提高员工的生产力（防止浏览与业务无关的网站），以及保护公司网络，免受因论坛发帖导致信息泄露所带来的损害。

根据网页内容判断是否允许访问

要对每一个允许通过URL过滤的URL地址进行管理是非常麻烦的事情。因此，也可以使用**内容过滤**，通过监视网站显示的内容来判断其是否包含有害信息。

例如，页面中包含敏感的关键字等，当内容存在问题时就可以拒绝连接（**图6-21**），或者当发现有人在公司或学校使用网络做自己的私事时，就可以拦截通信。

但是，如果是以保护青少年为目的过滤，我们可以认为这样的处理是过滤，而如果是对**电信运营商进行拦截，则可能是进行"互联网审查"**（**图6-22**）。

不过相关法律也对互联网审查作出了相关规定。例如，日本宪法第21条中规定了"不得违反审查相关规定、不得违反通信保密相关规定"。此外，日本电信法第3条规定了"不得审查与电信运营商业务有关的通信"，第4条则规定了"不得违反与电信运营商业务有关的通信保密条款"等内容。

图6-20 URL过滤的方式

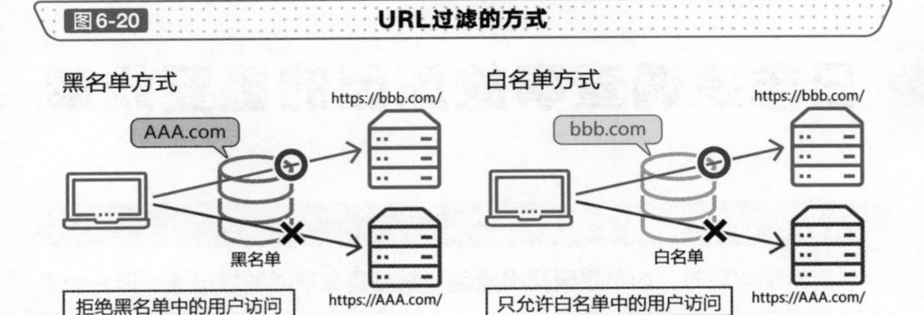

图6-21 内容过滤

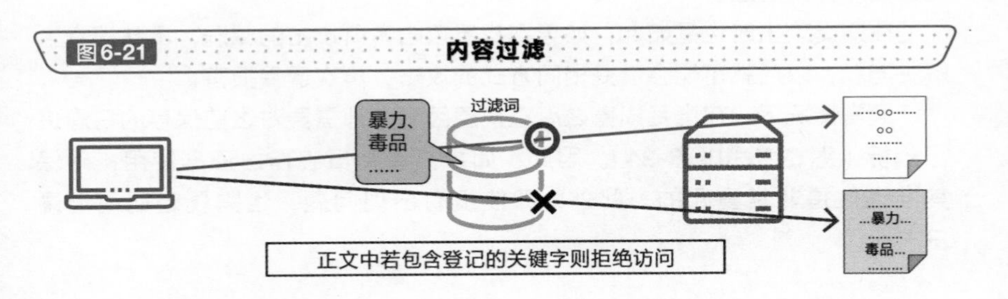

图6-22 通过审查进行拦截

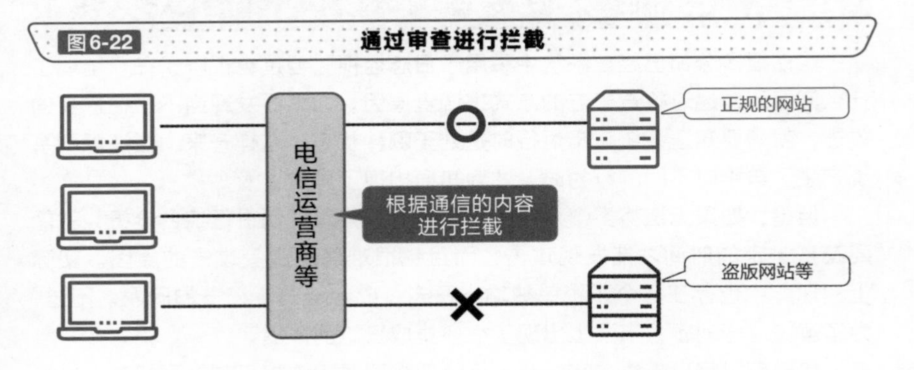

知识点

- 可以使用URL过滤和内容过滤等机制来保护用户不受恶意网站的攻击。
- 日本宪法和其他法律禁止电信运营商等通信运营商在未经许可的情况下进行网络内容审查。

» 日志是调查事故原因的重要线索

日志管理必须确保正确性

当出现问题时，如果**想要找出原因，就需要在平时做好记录**。因为如果不知道何时、何地、谁、做了什么，就无法掌握具体的情况，甚至以后还可能出现同样的问题。

在遭受攻击时也是如此，如果不找出攻击者所攻击的漏洞，不从根本上解决问题，以后就可能会遭受相同方式的攻击，再次遭受损害。

通常情况下，在遭受损害之后查找原因时，都需要对之前保存的**日志**进行分析（**图6-23**和**图6-24**）。因此，如果打算将日志作为证据使用，确保其准确性是非常重要的。此外，即使没有出现问题，也需要定期地记录日志。

日志监视中的注意点

虽然很多公司已经在系统中采用了日志监视，但是也仅限于在“出现了什么问题”时通过检查日志的方式来调查原因。如果要发现当下正在遭受的攻击，就需要知道系统正常运行时是处于哪种状态。这样一来，当注意到系统产生了与平时不同的行为时，才会知道出现了异常。

但是，如果无法将多个系统的日志合并，并对它们进行综合分析，就需要花费一定的时间才能发现攻击，而且也很难确定遭受攻击的原因。实际上，现实中也存在各个系统单独输出日志，或者格式不统一的问题。不过，为了解决这些问题，市面上出现了很多集成日志的产品。

如果可以将日志集成在一起，只需要按照时间轴将日志排列起来，也许就能够轻松地掌握入侵者实施攻击的流程。这样一来，当发现系统出现异常行为时，就可以对其进行重点关注和监视。因此，**实时性**是非常重要的，如果可以实时地检测出正在发生的攻击，就可以立即采取应对措施。

图6-23 在各种地方被记录的日志

图6-24 监视日志的效果

抑制非法	征兆检测	事后调查
意识到有人在检查日志时，在执行非法操作前就会有所犹豫，因此可以防止内部犯罪	如果平时坚持对日志进行检查，一旦发生异常就会注意到预示异常出现的征兆	通过对日志进行分析，就能迅速采取应对措施，恢复系统，并使系统正常运行

知识点

- 单纯记录日志是没有意义的，不仅需要确认是否对日志进行了正确的保存，还需要定期检查日志，及时发现异常出现的征兆。
- 监视日志的做法对于那些试图非法访问的入侵行为具有抑制效果。

» 保留证据

保留作为证据的日志的重要性

虽然通过保存日志的方式，可以记录下攻击的痕迹，但是有时**日志的可靠性**可能会遭受质疑。如果日志不可靠，就无法在法院的判决中将其作为证据使用。

例如，当公司内部的计算机遭受非法访问时，需要对日志进行调查。然而，即使找到了日志，也无法判断该日志是否受到公司内部人员擅自修改。

因此，当发生了与计算机相关的犯罪或法律纠纷时，不仅需要检查日志，还需要收集和分析保存的数据并找出原因。这一系列的操作被称为**取证**（**图6-25**和**图6-26**）。由于是进行计算机和数字数据的处理，因此也可称为**计算机取证**或**数字取证**。

某些分析结果会作为有效的法律证据被用于刑事调查。因此，市面上已有可以帮助计算机取证的专用工具，其可以生成能够作为证据的分析报告。

取证中的注意点

由于**只是启动计算机就可能会导致一部分数据被重写**，因此在进行取证时，应当禁止在相关计算机上执行任何操作（在解析数据时，需要使用专用设备复制存储设备中的数据，并通过复制得到数据副本）。

此外，随着时间的流逝，不仅日志会被删除，其他证据的收集也将会变得更加困难（**图6-27**）。所以，当我们发现了攻击或者察觉到可疑的操作时，需要尽早进行应对。

例如，当员工辞职时，公司一般会将离职人员的计算机重置为初始状态再给其他人使用，但是数据一旦丢失就无法进行调查，因此，对于那些重要员工的计算机还需要考虑**保留证据**的问题。

图6-25 取证的对象

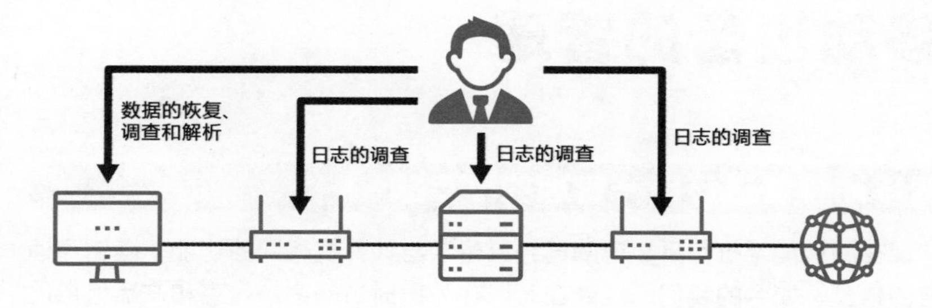

图6-26 取证的流程

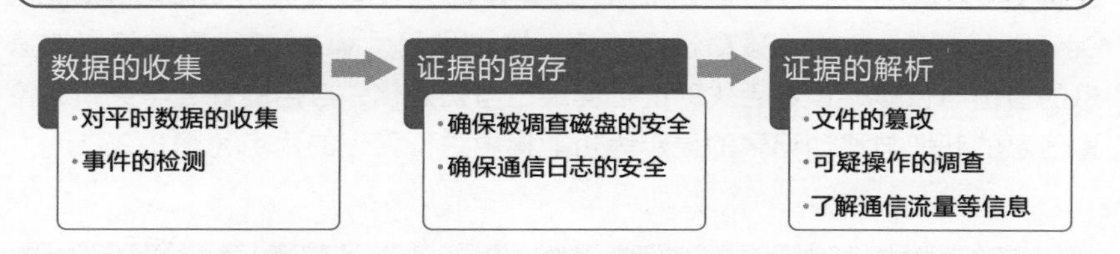

图6-27 数据被重写的危险性

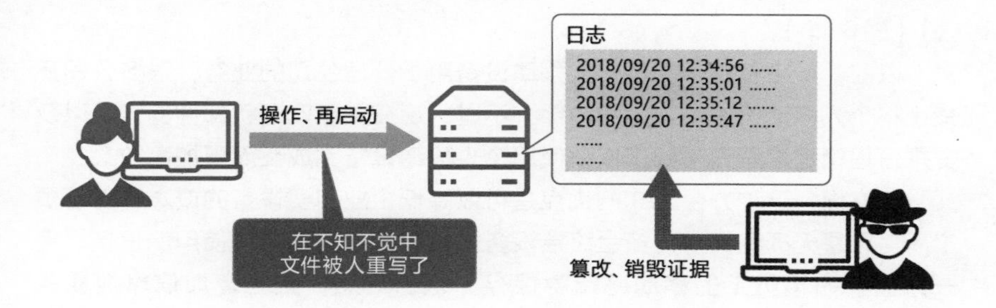

知识点

✐存储在计算机中的数据和日志，需要经过取证才能作为法律证据使用。

✐由于只是启动计算机就可能会导致存储的数据被重写，因此需要及早地保留证据。

» 移动设备的管理

对移动设备进行统一管理的MDM

现在的智能手机和平板电脑已经具备了与计算机相同的功能。随着高速网络的普及，如今的我们已经处在可以在外出时访问客户信息和产品信息的互联网环境中。

虽然工作方式变得更加多样，但是**数据丢失和被盗的风险也比以往任何时候都要高**。在考虑移动设备的安全性时，经常会使用**MDM**（Mobile Device Management，移动设备管理）这一术语。MDM工具具有将终端信息的备份与恢复、设备丢失时的远程锁定与初始化、应用的安装与更新、位置信息的获取与移动记录的显示等功能集中进行管理的优点（**图6-28**）。

使用员工终端设备的BYOD

除了企业自备的终端设备之外，员工将个人的智能手机和平板电脑等移动设备用于工作的做法被称为**BYOD**（Bring Your Own Device，自带设备办公）（**图6-29**）。

以前，员工不仅不能将个人移动设备用于处理公司的业务，很多公司还禁止将个人移动设备带入公司内部。不过，现在关于电话和邮件的沟通以及安排日程管理这些日常的工作，使用个人移动设备完成反而更加高效。

一方面，这种办公方式的优点是可以降低企业购买设备的成本，对于员工而言则是无须随身携带多台终端设备，可以使用自己习惯使用的设备。另一方面，如果员工的移动终端中保存了机密信息，就会增加信息泄露的风险。

因此，我们需要在确保正确理解设备被盗和丢失、人为泄露机密信息、软件未及时更新以及感染病毒等风险的前提下，对这类设备进行管理。

图6-28 MDM的示意图

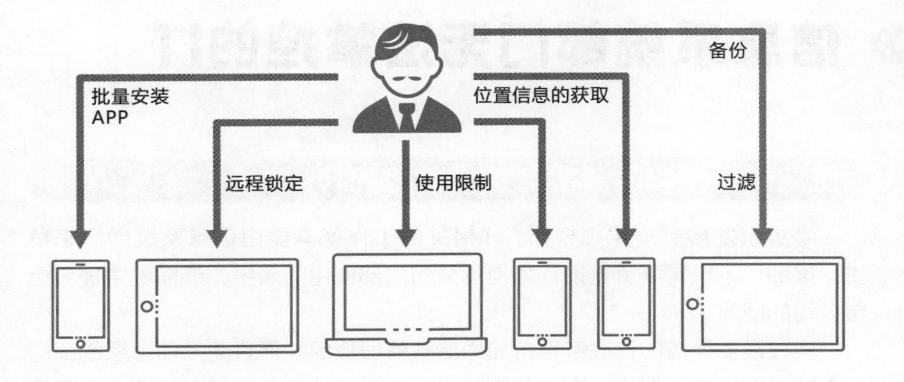

图6-29 BYOD的示意图

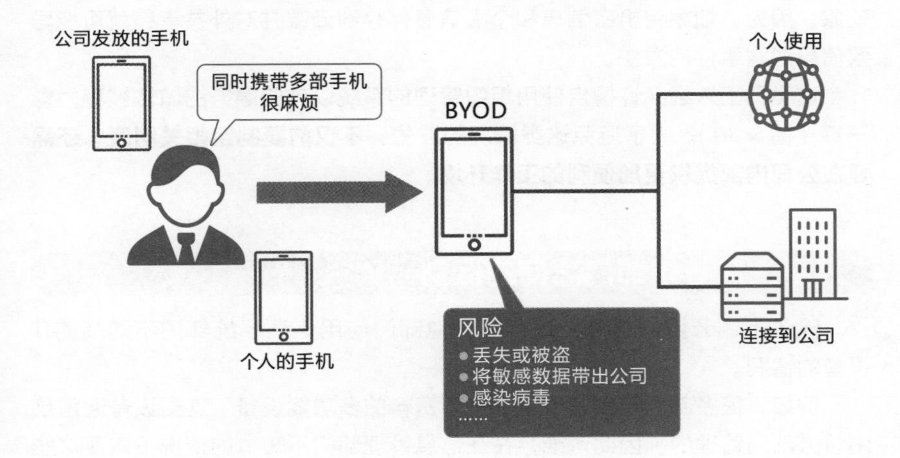

知识点

- 对于分配给员工的移动终端，可以使用MDM 工具进行集中管理。
- 自带设备办公的优点是员工不必携带多个终端设备，企业也可以控制购买终端设备的成本，但是同时在安全方面也存在诸多隐患。

» 信息系统部门无法掌控的IT

使用未经授权的云服务是很危险的

当组织发展到一定规模时，IT相关的工作就需要由信息系统部门来负责。该部门不仅需要负责设计和构建公司内部使用的系统，还需要管理和运营公司的网络。

现在很多便捷的云服务平台如雨后春笋般登场，而且无须信息系统部门介入就可以使用。例如，文件共享服务、在线邮件服务、任务管理和日程管理工具都可以简单地实现。

虽然云服务使用起来非常方便，但是从安全方面考虑，这并不是什么好现象。因为，如果将机密信息和个人信息保存到云端并对外共享，就可能导致信息泄露事件的发生。

这类员工未经允许擅自使用组织管理的系统以外的服务的做法被称为影子IT（图6-30）。为了避免这类情况的发生，**不仅需要制定相关制度，还需要在公司内部提供更加便利的工作环境**。

还要注意管辖部门之间的区别

除了上述云服务之外，还存在其他部门使用信息系统部门不知情的IT设备的情况。

例如，很多部门都安装了用于打印资料的多功能设备。这类设备通常是由总务部门管理的，因此可能存在在信息管理部门不知情的情况下购买这些设备的情况。这样一来，就可能会出现没有更改出厂密码、未安装补丁程序以及网络设置不正确等问题。

正如在3-10节中所讲解的，最近**专门针对管理不当的设备的攻击**的案例越来越多，如攻击路由器、网络摄像机以及物联网设备等。因此，管理不当的设备是必然存在安全风险的（图6-31）。

图6-30 影子IT的危险性

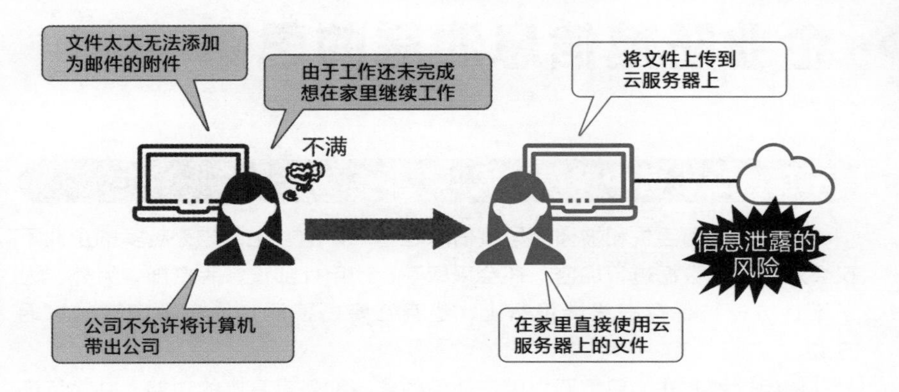

图6-31 连接到互联网的设备增加与管理体制

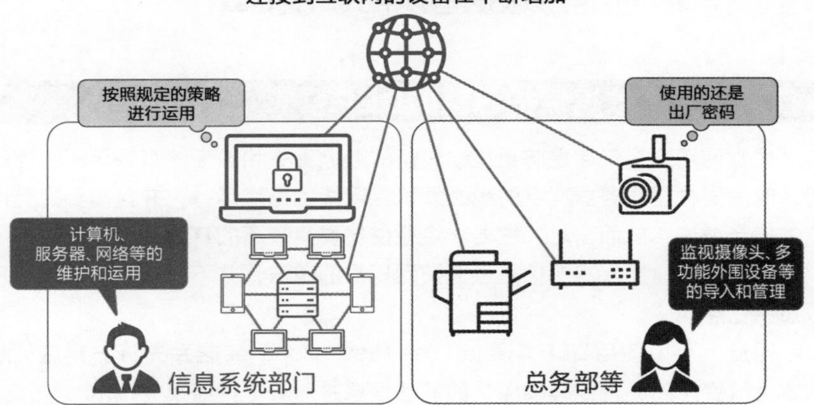

知识点

- 员工私自使用云服务的做法被称为影子IT，虽然使用方便，但是存在信息泄露的风险。
- 由于未被信息管理部门进行管理和运行的设备可能存在设置不当的问题，因此需要注意加强安全方面的管理。

» 企业防范信息泄露的思路

不在终端设备中保存数据

为了防止因丢失和被盗而导致信息泄露事件的发生，越来越多的企业不仅会对通信和数据进行加密，还会采取禁止使用外部设备等措施。另外，为了不让数据被保存在终端设备上，也存在专门使用名为**瘦客户端**的终端方法。

使用这种方法，只需要为用户使用的终端配备最基本的功能，并将其连接到准备好的服务器上使用即可。这是一种只传输屏幕显示内容并且只发送通过键盘和鼠标输入的内容的机制。

这种机制有多种实现方法，如在服务器端为每个用户分配专用硬件、在服务器端共享应用程序，以及使用虚拟PC等（**图6-32**）。

彻底改变了数据保护思路的DLP

虽然使用瘦客户端是防止终端设备的数据丢失和被盗的有效手段，但是导入时需要构建服务器，平时也必须确保网络的稳定运行，并且需要提升用户的安全意识，总而言之，它要求**企业整体具有较高的IT水平**。

此外，对必须保密的信息设置访问权限的做法，并不能防止合法的用户故意将信息泄露。

因此，可以使用**DLP**（Data Loss Prevention，数据丢失防护）这种从根本上改变思路，规定必须保护的敏感信息并对其进行监视的技术。

DLP会预先检测文件、数据库以及网络上的数据，并划分出必须保护的信息。然后，它会持续监视是否存在将信息发送到外部，将数据复制到USB存储器等行为。如果发现了违反策略的行为，就可以及时地进行制止，以防止信息被泄露（**图6-33**）。

图6-32 瘦客户端的方式

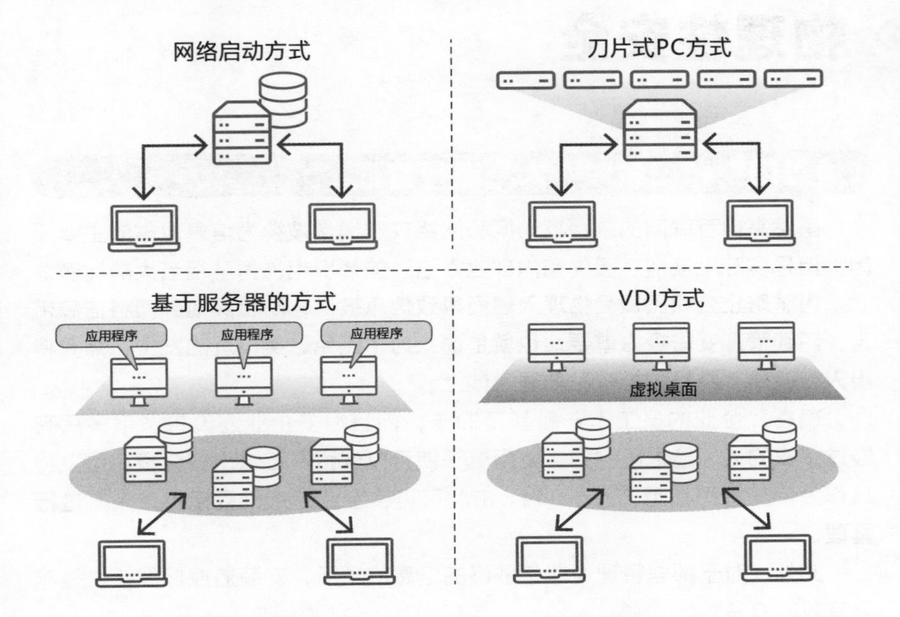

图6-33 DLP的例子

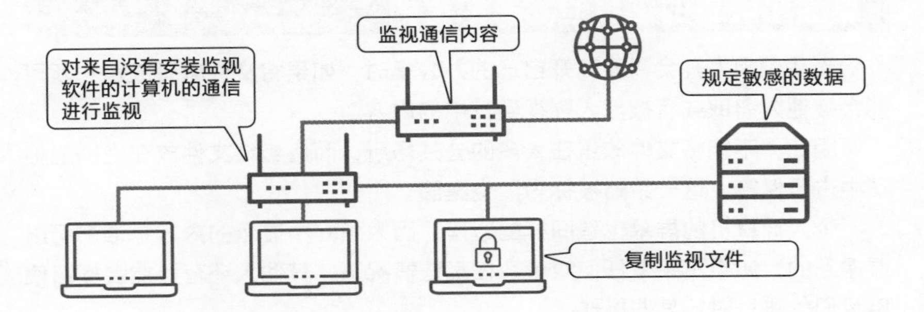

知识点

- 为了不在终端设备中保存数据，越来越多的企业选择导入瘦客户端计算机。
- DLP是一种专门用于保护敏感信息的技术。

物理性安全

通过门锁和门禁对“人”进行管理

虽然来自互联网的未授权访问和网络攻击通常被视为信息泄露的主要原因，但是实际上被盗、丢失和内部泄露信息的情况也占据了相当大的比例。

为了防止公司因遭受物理入侵而导致信息被盗，防止其他部门将信息带走，**门锁管理**变得极为重要。也就是说，为了避免这类情况的发生，需要将出入口锁住，并且将柜子和抽屉也锁上。

现在，企业的员工卡一般都是ID卡，而且很多企业还设置了很多只有经过授权的人才能进出的门。使用电子锁可以保留员工进出的记录，可以将其作为**门禁管理**使用（图6-34）。由此可见，企业越来越**重视对“人”进行管理**。

此外，对于那些管理着非常敏感的信息的场所，安装监控摄像头也是非常有效的方法。

桌面和屏幕的信息泄露防范措施

当我们因为开会需要离开自己的办公桌时，如果将文件敞开放置，就可能会被他人窃取或者被他人窥视到其中的内容。

因此，不能将文件放置在人多的公共场所，而应当将文件放在上锁的柜子中进行保管。这一策略被称为**清空桌面**。

个人计算机的屏幕也是同样的道理。因为画面中显示的内容是谁都可以看得到的，如果不采取任何对策，在某些情况下，其他人还有可能会擅自使用我们的账号进行某些操作。

不让其他人看到计算机屏幕的做法被称为**清空屏幕**，它是指一种不让计算机处于登录状态，将屏幕锁定后再离开座位的策略（图6-35）。

图6-34 门禁管理

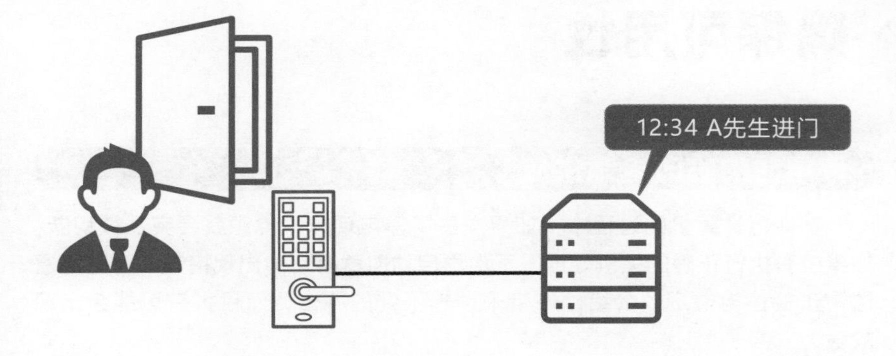

图6-35 清空桌面与清空屏幕

知识点

- 为了保护敏感信息，不仅需要保护信息系统的安全，防止办公室的入侵和被盗等物理层面的安全也同样重要。
- 为了防范办公室中存在偷窥、丢失、被盗和冒充他人使用账号的行为，需要采取清空桌面和清空屏幕等安全措施。

» 确保可用性

停电时的临时电源供应

在使用计算机的过程中，如果发生了停电现象，电源就会突然被切断。如果没有执行正确的关机处理，下次再启动时就有可能出现错误。特别是遭遇雷击的停电情况，会给硬件带来预想不到的冲击，而且极有可能会出现故障。

为了应对上述情况，通常会使用**UPS**（**不间断电源**）作为停电对策。使用UPS，即使因为停电切断了电源，也可以通过电池继续供电（**图6-36**）。可以在使用电池供电的期间，按照正确的顺序来完成关机处理，以降低发生错误的可能性。

但是，普通的UPS一般的供电时间最长也只有15分钟。因此，需要在这段供电时间内按照正确的步骤完成处理。此外，有些厂商还会配套提供可以自动关闭连接在UPS上的设备的装置。

准备防范故障的备份

对于企业而言，不仅需要采取应对停电的措施，**准备好针对各种故障的替代方案**也是十分重要的。因为，当计算机无法联网、服务器出现故障、磁盘出现故障或者应用程序出现故障时，如果没有替代方案，企业就只能停止业务。

提前准备好备份的做法被称为**双重化**。根据系统的重要程度、恢复所需的时间和成本的平衡来考虑采用各种不同的双重化措施。

如果是非常重要的系统，一般建议使用持续运行备份系统的**热备份**，如果不是很重要的系统，使用应对故障的**冷备份**就足够了。另外，还有处于两者中间的**暖备份**方式（**图6-37**）。

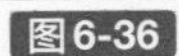

图6-36 UPS的效果

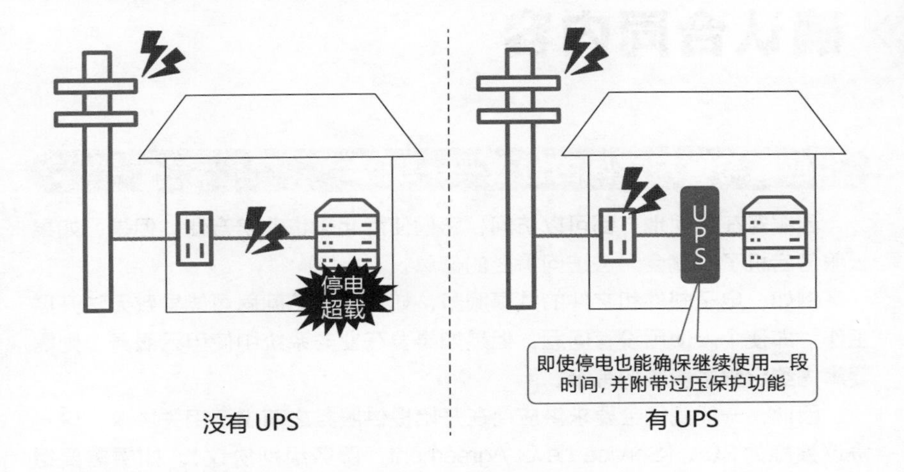

图6-37 双重化构成的例子

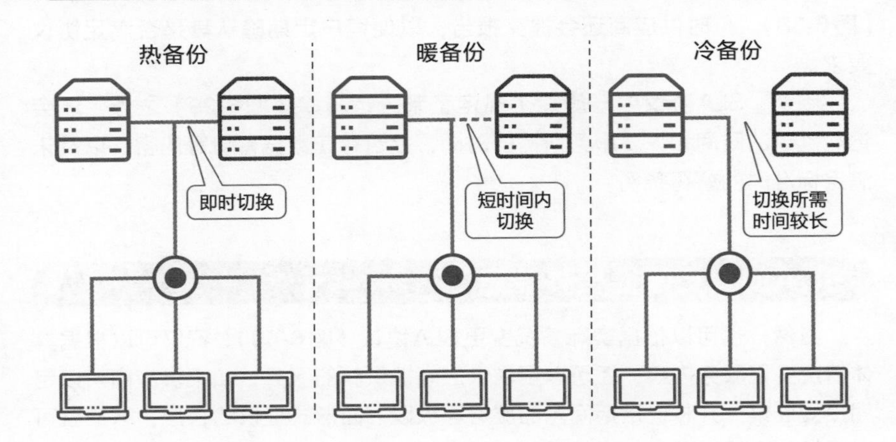

知识点

- 由于停电会导致计算机无法使用，因此，为了确保计算机的可用性，需要确保对系统可持续进行供电。
- 对于服务器、数据库和网络等重要的系统，需要进行双重化对策以降低出现故障时对业务的影响。

» 确认合同内容

供应商与客户之间的协议——SLA

云服务在任何地方都可以访问，它们使用起来也非常方便，但是，如果云服务宕机了，就会无法访问需要的信息。

例如，电子邮件和文件的共享服务，如果无法访问就可能导致无法开展工作。即使个人使用没有问题，但是如果要在业务系统中使用云服务，则需要事先**约定服务质量的等级**。

因此，一般我们会要求供应商在开始提供服务之前出示相关协议，这一协议被称为**SLA**（Service Level Agreement，服务级别协议）。如果需要组合使用多种服务，则需要明确每个供应商的责任。

SLA协议中规定了安全管理对策、服务的含义，以及服务级别等项目（**图6-38**）。有时供应商还会提交报告，以便客户定期确认其是否满足协议要求。

因此，SLA协议中一般除了规定了系统运转率（**图6-39**）之外，还会记载延迟的时间和恢复服务所需的时间，是否存在数据备份等内容，以及未满足标准时的惩罚条例。

SLA的变更需要格外注意

当然，也可以根据实际情况变更SLA协议（**图6-40**）。不仅可以根据具体情况变更服务内容，还可以要求供应商提供新的服务。如果供应商可以定期接受监察，并将一定期间内的服务等级以书面形式提供给客户，客户就可以更加放心地使用供应商的服务。

当变更服务内容时，需要提供一段适用期，并且需要确认**客户是否已经做好接受变更的准备**，如是否可以进行迁移以及是否与旧版本兼容等。

图6-38 SLA的概要

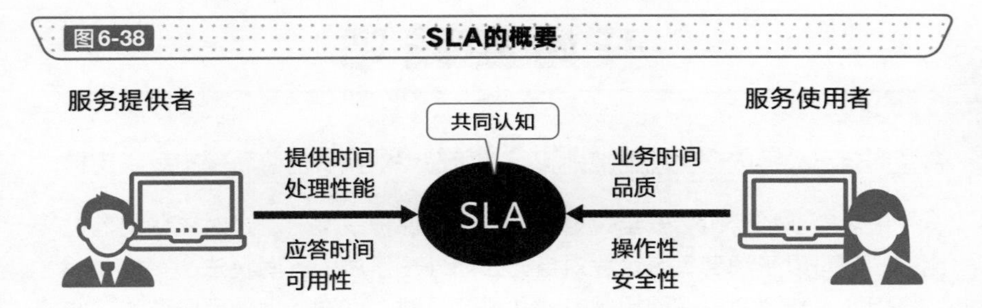

图6-39 SLA中记载的运转率的例子（不同运转率的停止时间）

运转率	年度停止时间	月度停止时间	一天的停止时间
99%	3.7日	7.3小时	14.4分钟
99.9%	8.8小时	43.8分钟	1.4分钟
99.99%	52.6分钟	4.4分钟	8.6秒
99.999%	5.3分钟	26.3秒	0.9秒

图6-40 SLA的变更流程

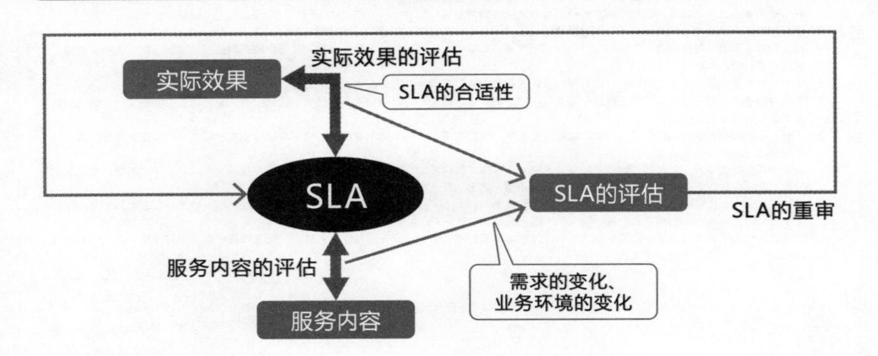

知识点

- 如果打算将云服务应用于业务系统中，则需要签署SLA协议，确认合同内容并取得双方同意。
- 虽然可以根据实际需求变更SLA协议，但是也需要确认作出的变更不会产生不良影响，不会造成故障、问题。

开始实践吧

请查阅自己公司的安全规范准则和当前所使用的服务的隐私保护政策文档

很多企业都公布了安全规范准则和隐私保护政策。通过对这些规范进行比较，就可以了解到每家企业对自己公司处理信息的不同看法。

因此，建议大家在使用服务或注册会员时，仔细阅读使用条款和这些公司的方针。

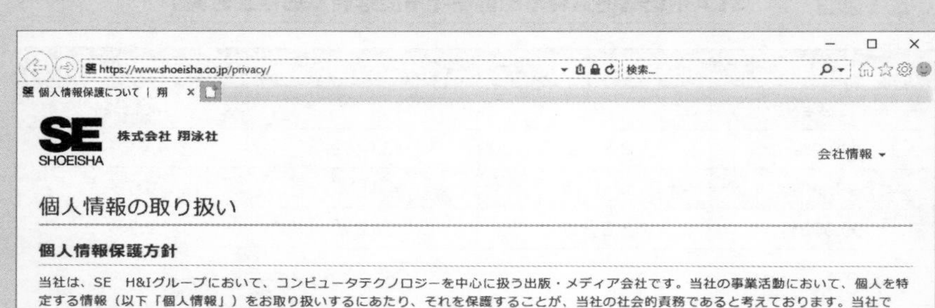

個人情報の取り扱い

個人情報保護方針

当社は、SE　H&Iグループにおいて、コンピュータテクノロジーを中心に扱う出版・メディア会社です。当社の事業活動において、個人を特定する情報（以下「個人情報」）をお取り扱いするにあたり、それを保護することが、当社の社会的責務であると考えております。当社では、個人情報保護に関して、全社的に以下の取り組みを推進しています。

1. 個人情報は、ご本人とのご契約上の責任を果たすため、より良い商品、サービス、情報を提供するため、その他の正当な目的のためのみに使用すること。また、目的外利用を行わないための措置を講じます。
2. 個人情報を扱う部門を特定した上で管理責任者を置き、その管理責任者に適切な管理を行わせること。
3. 個人情報を収集する場合は、収集目的や利用範囲を明らかにし、お客様へ個人情報を提供する会社の範囲等を通知したうえで、必要な範囲の個人情報を収集すること。
4. 収集した個人情報を適切に管理し、お客様の承諾を得た会社以外の第三者に提供、開示等一切しないこと。
5. お客様の承諾に基づき個人情報を提供する会社には、お客様の個人情報を漏洩や再提供等しないよう、契約により義務づけ、適切な管理を実施させること。
6. 保有している個人情報に関して、お客様より訂正を求められた場合には、利用目的の達成に必要な範囲内において訂正をする、またはその手段をお客様へ提供すること。
7. 個人情報を取得させていただく皆様のご意見、および苦情については、取得時に提示する書面、当社ホームページ等に苦情、および相談窓口を明示し、迅速な対応が可能なよう体制を構築・運用いたします。
8. コンピュータ上に格納された個人データを含め、個人情報への不正な侵入、紛失、破壊、改竄、漏洩、滅失、き損などの防止及び是正をするため、社員への啓蒙活動、技術的対策の向上に努めます。
9. 当社は、個人情報の取り扱いに関する法令、国が定める指針その他の規範を遵守すると共に、個人情報保護マネジメントシステムを継続的に見直し、改善を行います。

制定日：2006年10月02日
改定日：2015年09月30日

株式会社 翔泳社
個人情報管理総責任者
代表取締役社長 佐々木　幹夫

第7章

与安全相关的法律和制度——必备常识

» 个人信息的管理

个人信息与隐私

社会上关于保护个人信息的呼声已经出现很长时间了。而实际上，所谓个人信息是包括很多不同内容的。近年来，人们变得特别重视个人隐私问题，也就是说大家对于"不希望被其他人知道的个人信息"变得相当敏感。

另外，企业希望能够制造出消费者有需求的产品。如果企业能够知道哪一年龄段的人群购买数量较多，拥有哪些兴趣爱好的人群对自己生产的产品更感兴趣，就可以通过这些消费者的信息，提供可以满足客户需求的产品。

虽然个人信息对于企业而言属于重要的"资产"，但是对于用户而言，如果个人信息被随意地使用则会十分令人困扰。因此，日本政府为了保护个人信息，为了确保个人信息能够得到正确处理，制定了**个人信息保护法**。个人信息保护法是一项于2003年5月颁布，于2005年4月正式开始实施的法律，该项法律对个人信息等内容给出了定义。

个人信息保护法的修订与使用注意事项

自个人信息保护法实施以来，由于个人信息的定义范畴并不明确，以致很多需要保管个人信息的企业对于这项法规不满的声音越来越多。因此，在2015年9月的修订版中进一步明确了个人信息所包括的内容，并且加入了运用个人信息的相关规定（**图7-1**和**图7-2**）。

具体包括在个人信息的定义中增加了对**包含个人身份识别码的信息**的描述，以及增加了**敏感个人信息**这一新概念。规定了企业需要特别慎重处理民族、信仰、病史等敏感个人信息。

注意，在处理个人信息时，需要尽可能地明确使用目的，**禁止处理超出使用范围的个人信息**。

图7-1 个人信息的定义

个人信息

四项基本信息	个人身份识别码	敏感个人信息
· 姓名 · 生日 · 住址 · 性别	· DNA · 指纹、声纹 · 护照号码 · 驾驶证编号 · 身份证号码 · ……	· 民族 · 信仰 · 社会性身份 · 病史 · 犯罪记录 · ……

图7-2 个人信息、个人数据、保留的个人数据之间的区别

个人信息

可识别的真实存在的特定个人的信息

较容易与其他信息进行核对，因此，也包含特定个人可识别的信息

个人数据

为了能够搜索到特定个人而进行整理和总结的信息

（个人信息数据库等）中包含的个人信息

保留的个人数据

具有明示、订正、删除等权限，且保留时间超过六个月的信息

①个人信息

姓名：
住址：
年龄：
购买商品：
感想：
……

例如，将个人信息输入软件中，并将其作为数据库的场合

②个人数据

具有明示等权限，且保留时间超过六个月的场合

③保留的个人数据

来源：基于日本经济产业省《企业主们！贵公司的“个人信息”的保管真的没问题吗？》绘制。

知识点

✎个人信息保护法在重新修订后，进一步明确了个人信息的定义。

✎个人信息的保管必须被严格限制在使用目的范围内。

个人信息的运用

将个人信息提供给第三方的场合

个人信息保护法原则上是禁止在未经本人同意的情况下将个人信息提供给第三方的。但是，如果事先办理了相应的手续，就可以在不经本人同意的情况下将个人信息提供给第三方，这种做法被称为**Opt-out**。相反，事先获得本人同意的做法则被称为**Opt-in**（**图7-3**）。

企业在通过Opt-out的方式向第三方提供个人信息时，**必须提供一种本人可以停止向第三方提供个人信息的环境**。也就是说，在企业将个人信息提供给第三方后，本人可以提出申请要求企业停止向第三方提供个人信息。

如果在企业通过Opt-out的方式向第三方提供个人信息时，没有提供上述环境，就属于违反个人信息保护法中的“禁止向第三方提供”和“正确处理个人信息”等原则。由此可见，法律对通过Opt-out的方式向第三方提供个人信息作出了严格规定。此外，个人敏感信息是禁止通过Opt-out的方式提供给第三方的。

通过使信息无法跟踪个人用户的方式运用个人信息

实际上，企业在制造消费者需求的产品时，基本上不需要获取**正确的个人信息，只需要获取统计数据和匿名数据就足够**了。因此，为了让企业无法识别到具体的个人，在修订版的个人信息保护法中，对将个人信息加工处理而得到的无法恢复的**匿名处理信息**进行了定义（**图7-4**）。

可以使用**k-匿名化**方法，通过“删除一部分个人信息的描述”或者“删除所有个人身份识别码”等处理方式使企业无法识别到具体的个人。

这种将个人信息转换为匿名处理信息的方式，有望使个人信息的运用变得更为方便。

图7-3 通过Opt-out、Opt-in的方式向第三方提供个人信息

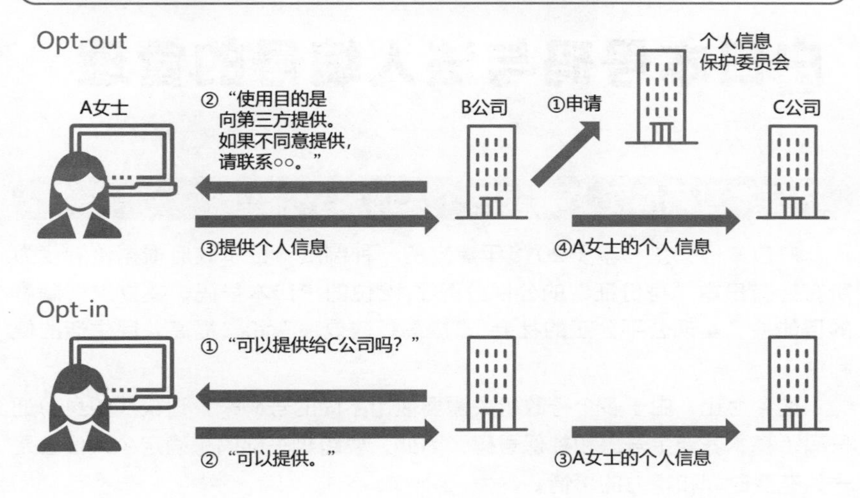

来源：基于日本个人信息保护委员会《基于Opt-out方式提供给第三方的申请》绘制。

图7-4 k-匿名化的例子

姓名	年龄	住所	购买次数
桥本*太郎	58	东京都新宿区○○街道1－2	5次
森*次郎	62	埼玉县川口市□□街道6－4	3次
小泉*三郎	59	东京都涩谷区××街道2－8	4次
福田*四郎	71	东京都新宿区△△街道5－3	6次
野田*五郎	54	埼玉县川越市□×街道4－1	2次
安倍*六郎	52	埼玉县川口市○△街道3－9	4次
……	……	……	

→

年龄	住所	购买次数
50岁	东京都	5次
60岁	埼玉县	3次
50岁	东京都	4次
70岁	东京都	6次
50岁	埼玉县	2次
50岁	埼玉县	4次
……	……	

知识点

- 通过Opt-out的方式向第三方提供个人信息时，需要向个人信息保护委员会提出申请，并且法律对于收集个人信息也作出了严格规定。
- 使用经过加工后无法从个人信息识别出具体个人的"匿名处理信息"，就可以扩大个人信息的运用范围。

» 户口本号码与法人编号的管理

户口本号码属于“特定的个人信息”

户口本号码是日本于2016年建立的一种制度，日本政府根据该制度为所有持有日本“身份证”的公民分配了12位的户口本号码。建立这一制度的目的是“实现公平公正的社会”“提高行政效率”和“提高公民生活的便利性”。

迄今为止，由于多个行政机关需要使用不同的号码来管理公民的身份证号码、基本养老金号码和社保号码，因此，要跨机关部门来确定个人信息是一件花费时间和精力的事情。

统一使用户口本号码，就可以在社会保障、税收和灾害对策领域，高效地对保存于多个政府机构中的个人信息进行管理，并且有望对同一个人的信息进行灵活运用（**图7-5**）。

另外，企业也需要获取员工及员工家属的户口本号码，并将户口本号码填写在税费扣缴单上一并提交给行政机关。不过企业在获取员工的户口本号码时，有一些地方是需要注意的。

包含户口本号码的个人信息被称为**特定个人信息**，无论企业规模大小，法律要求所有企业都必须对个人信息进行妥善的管理（**图7-6**），并且还加大了对个人信息管理不当的处罚力度。此外，禁止企业将户口本号码用于除法律规定之外的用途（户口本号码卡中搭载的IC芯片可以用于各类不同用途，**见图7-7**）。

法人的号码是“法人编号”

户口本号码制度不仅为日本持有身份证的公民提供了户口本号码，同样也为法人分配了**法人编号**。

法人编号通常公布在国税厅的法人编号公示网站上，可以很容易地查找到法人的名称和公司所在地。此外，法人编号与户口本号码不同，它**在使用范围上没有限制，可以自由地对其进行使用**。

图7-5　使用户口本号码可以高效管理信息

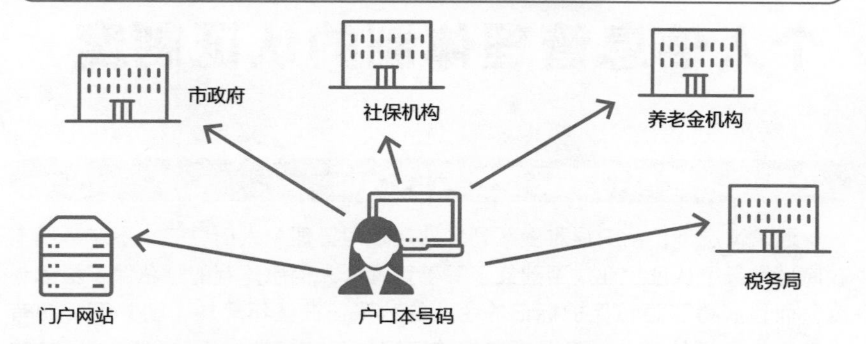

图7-6　企业管理户口本号码的安全管理措施

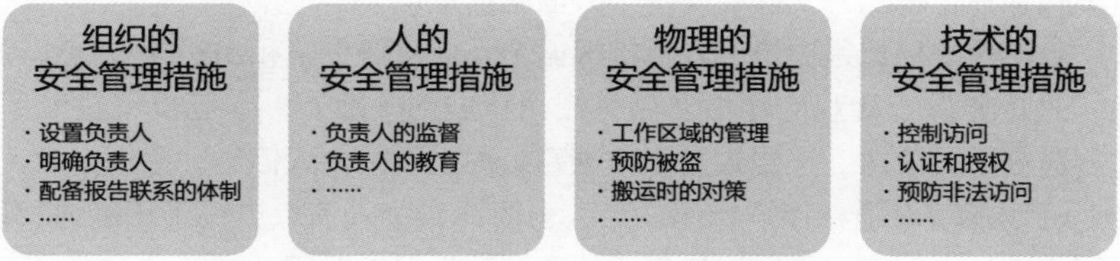

组织的安全管理措施	人的安全管理措施	物理的安全管理措施	技术的安全管理措施
·设置负责人 ·明确负责人 ·配备报告联系的体制 ·……	·负责人的监督 ·负责人的教育 ·……	·工作区域的管理 ·预防被盗 ·搬运时的对策 ·……	·控制访问 ·认证和授权 ·预防非法访问 ·……

图7-7　户口本号码卡的特征

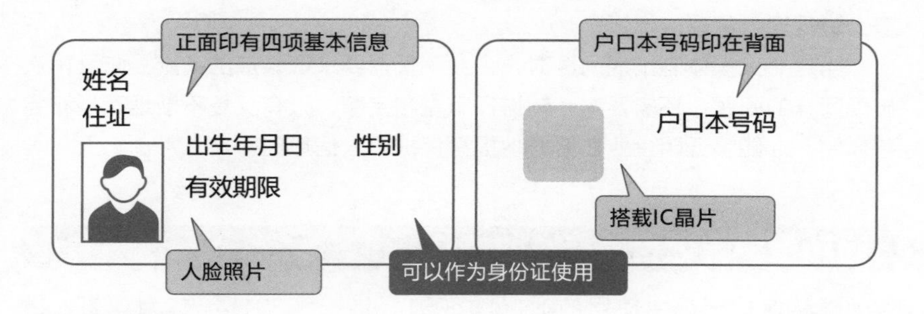

知识点

- 统一使用户口本号码，就可以让多个政府机构使用相同的号码办理业务，因此有望实现高效的个人信息管理。
- 包含户口本号码的个人信息被称为“特定个人信息”，法律要求企业对个人信息进行妥善的管理。

» 个人信息管理体制的认证制度

证明个人信息得到妥善保管的认证

通常情况下，用户很难了解到企业是如何管理个人信息的。不过，日本政府也推行了认证企业是否建立了妥善管理个人信息体制的**隐私保护标记**制度，而且获得了隐私保护标记的企业的数量正在逐年增加（**图7-8**）。拥有隐私保护标记的企业，可以通过将该标记展示在名片、手册和Web网站的方式来获取用户的信任。此外，对于消费者而言，可以通过检查企业是否拥有隐私保护标记的方式提高保护个人信息的意识。

隐私保护标记是由第三方机构根据个人信息保护法和**JIS Q 15001**等标准，对企业进行客观的评估之后再授予企业的（**图7-9**）。因此，企业不仅需要遵守相关法律，还要致力于在更高级别上保护个人信息。另外，为了让企业证明在获取隐私保护标记之后，也同样对个人信息进行了正确的管理，需要将该认证制度中隐私保护标记的有效期设置为两年。

不过，隐私保护标记不是一种用来保证个人信息不会被泄露的标记，而是一种表示企业建立了完善的个人信息保护体制，并且采取了全面的措施来**努力进行安全管理**的标记。

当这一保护体制出现问题时，企业不仅需要采取相应的措施，防止再次出现同样的问题，还需要对体制进行审查和完善。只有反复不断地运用和完善体制，才能够证明企业在努力地提高保护个人信息的水准。

隐私保护标记相关标准的修订

隐私保护标记中使用的JIS Q 15001标准已于2017年12月修订，自2018年8月起开始正式用于审查。该标准与个人信息保护法的修订内容相符。例如，将个人信息分为个人信息、个人数据、保留的个人数据，并且个人信息也包括敏感个人信息和匿名处理信息。

图7-8 获得隐私保护标记的企业的数量正在逐年增加

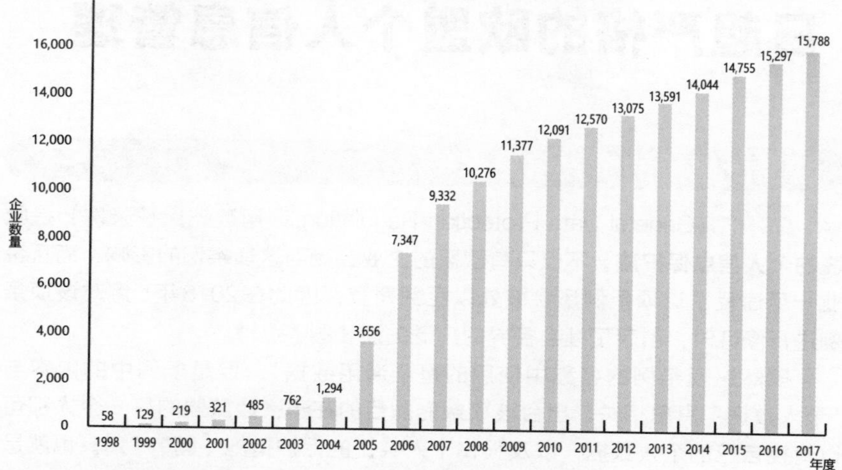

来源：日本信息经济社会推进协会（J IPDEC）《隐私保护标记制度　授予企业信息》。

图7-9 隐私保护标记制度的机制

隐私保护标记授予机构（JIPDEC）

指定

隐私保护标记审查机构

审查、调查

隐私保护标记培训机构

审查员

进行培训

隐私保护标记授予企业

JIS Q 15001

个人信息保护法

政策、方针

条例、政令

知识点

- 企业如果制定了完善的保护个人信息的体制，就可以获得隐私保护标记，但是需要每两年对标记进行一次更新。
- 获得隐私保护标记的企业的数量正在逐年增加。

» 日趋严格的欧盟个人信息管理

欧盟所采用的个人信息保护

GDPR（General Data Protection Regulation，通用数据保护条例）是**欧盟的个人信息保护法**。不仅只有欧盟的企业会受到这项条例的影响，而且企业一旦违反了这项条例还会被处以巨额罚款，因此在2018年5月对该项条例进行修订时，引起了社会各界的广泛关注（图7-10）。

虽然这项条例的名称中使用的是“通用数据”，但是条例中的内容与“个人数据”息息相关。出台该项条例的目的在于，让欧盟的每一个人都可以管控自己的个人数据，以及强化个人数据的保护措施（图7-11）。也就是说，它的目标是让我们能够对自己的个人数据的处理方式和使用方法相关的权限进行管控。

这份“个人数据”中包含与本人相关的所有信息。除了姓名、地址、电子邮件地址、信用卡号之外，还包含身体、生理、遗传、心理、经济、文化和社会属性等内容。

数据的处理与移动

GDPR对**处理**和**移动**个人数据时必须要满足的法律要求作出了规定。可以将这里的“处理”理解为对个人数据进行操作。因此，获取、记录、编辑、保存和修改个人数据，以及创建和整理个人数据列表（名单）都包含在这一“处理”中（图7-12）。

另一方面，“移动”是指将数据发送到EEA[※1]区域之外的行为。例如，将包含个人数据的文档以电子邮件的形式发送到EEA区域外，以及从EEA区域外访问EEA区域内设置的服务器等行为。GDPR原则上禁止将在EEA区域内获取的个人数据“移动”到EEA区域外。

※1 EEA：European Economic Area的缩写。

图7-10 违反GDPR条例的罚款

轻度的侵权	最高为企业全球销售额（年度）的2%或1000万欧元（约13亿日元[※1]），以较高者为准
明显的侵权	最高为企业全球销售额（年度）的4%或2000万欧元（约26亿日元[※2]），以较高者为准

图7-11 GDPR中数据主体（个人）的八项权利

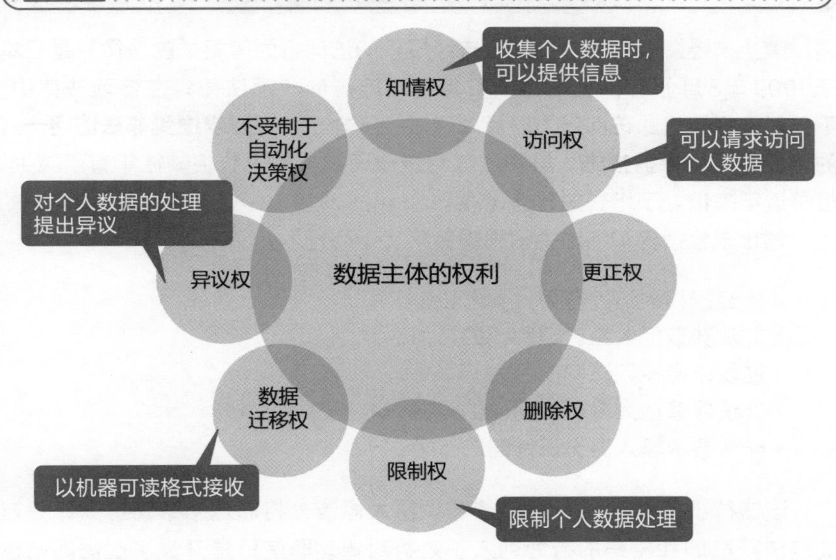

图7-12 GDPR中处理个人数据的原则

合法、公平、透明原则	目的限制原则
个人数据的最小化原则	准确性原则
保管限制原则	完整性及机密性原则

知识点

- GDPR是属于欧盟的个人信息保护法律，如果没有对个人数据进行正确的处理，会被处以巨额罚款。
- 管理者需要遵守个人数据处理相关的原则。

※1 ※2 以撰写本书时的汇率计算。

非法访问相关的惩罚条例

禁止未经授权访问法概要

禁止未经授权访问法（禁止未经授权的访问行为等相关的法律）是日本于1999年8月颁布，于2000年2月开始施行的一项法律。在该项法律中，不仅对未经授权的访问行为以及处罚进行了规定，还**要求遭受非法访问一方的管理者实施保护措施**。虽然因触犯法律而被捕的人数相较往年有所减少，但是近年来仍处于增长的趋势（图7-13和图7-14）。

禁止未经授权访问法中明确规定禁止下列行为。

- 未经授权的访问行为（参考2-4节）。
- 非法获取他人身份识别码的行为。
- 助长未经授权访问的行为。
- 非法保管他人身份识别码的行为。
- 非法要求输入身份识别码的行为。

该法律于2012年3月进行了一项重大修改，将通过网络钓鱼欺诈等方式非法获取ID和密码的行为列入了处罚对象。即使只是开设了虚假网站也会受到处罚。

由政府部门公开的非法访问的相关信息

禁止未经授权访问法中还对政府机构披露信息作出了如下规定。

> 第10条　国家公安委员会、总务大臣和经济产业大臣每年至少公布一次非法访问行为的发生情况和访问控制功能相关技术的研究开发情况，以帮助预防具有访问控制功能的特定电子计算机的非法访问行为。

因此，在警察厅网络犯罪对策项目组的Web网站中可以看到，定期公布的各类关于非法访问的信息和网络空间威胁相关的各种资料。

图7-13 网络犯罪案件数量的推移

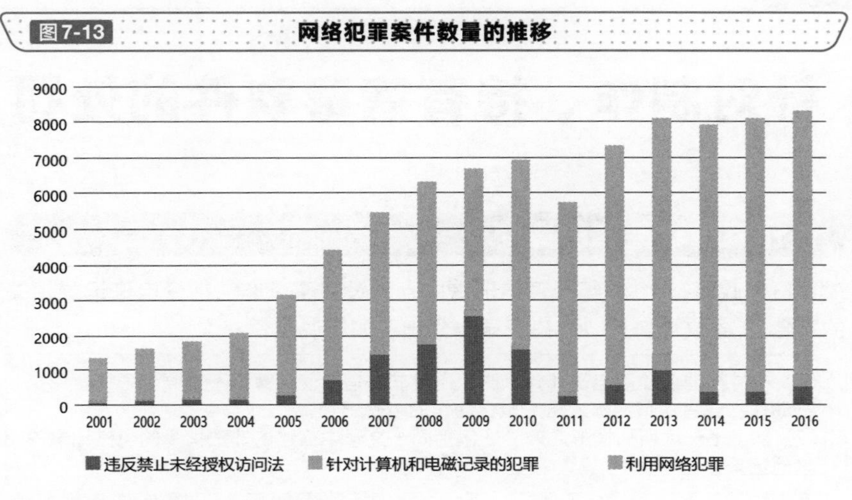

来源：基于日本警察厅《2017年版警察白皮书》绘制。

图7-14 2017年按行为划分的非法访问案例数

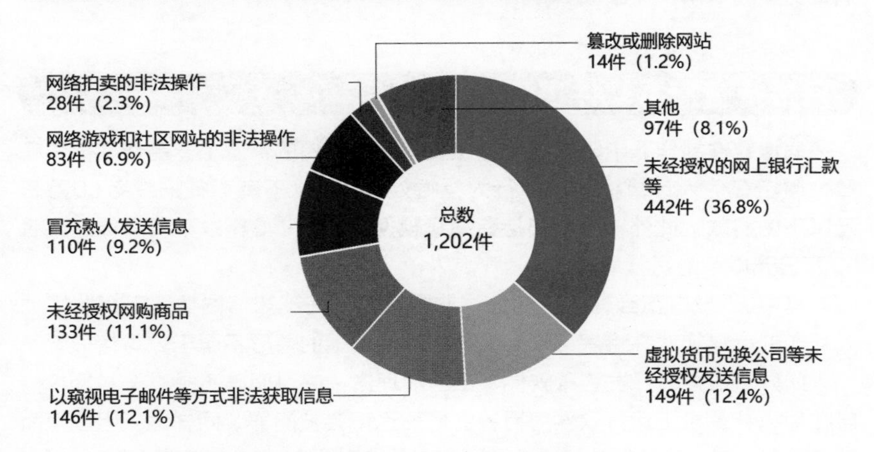

来源：基于日本警察厅《2017年版警察白皮书》绘制。

知识点

- 禁止未经授权访问法中不仅对非法行为进行了定义，还要求遭受非法访问一方的管理者采取防范措施。
- 创建钓鱼欺诈网站等行为也属于被处罚对象。

» 针对制作、持有病毒软件的处罚

制作病毒软件罪的概要

日本政府在2011年修订的刑法中，新设立了“非法指令电磁记录相关的罪名”。条文中针对“电磁记录”作出了如下说明。

（1）一种在他人使用电子计算机时，通过非法指令使计算机不按照当事人意愿执行动作，或者违背当事人意愿执行动作的电磁记录。
（2）除了上一项所列情形之外，还包括同一文号中描述的非法指令的电磁记录的其他记录。

这类“使计算机不按照当事人意图执行动作”和“发出非法命令”的行为被称为**病毒软件制作罪**。查看IPA的统计数据，就可以了解到感染和发现病毒的企业非常多（**图7-15**）。

只是持有病毒软件也犯法吗

病毒软件制作罪中明确规定了在没有正当理由的情况下，制作或提供病毒，擅自在他人计算机运行的行为，将处以3年以下有期徒刑或者50万日元以下的罚款。此外，**获取和持有病毒软件**也将处以2年以下有期徒刑或者30万日元以下的罚款。

其中，“**没有正当理由**”的描述非常重要。在不知情的情况下接收了他人发送的病毒软件并将病毒软件安装在计算机上的情形不属于处罚情形。

此外，如果有开发杀毒软件等正当的理由，并且明确不是以未经授权擅自在他人计算机上运行软件为目的的情形也不会被问罪。同样地，因故障而无意中创建了与病毒软件相同动作的程序的情形，也不属于犯罪（**图7-16**）。

图7-15 感染和发现病毒的企业很多

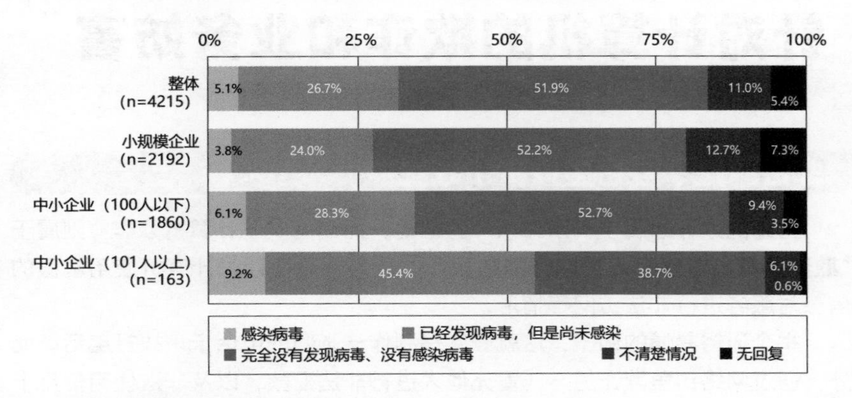

来源：日本信息处理推进机构（IPA）《2016年中小企业信息安全对策相关的实况调查》。

图7-16 是否会被指控构成病毒软件制作罪的例子

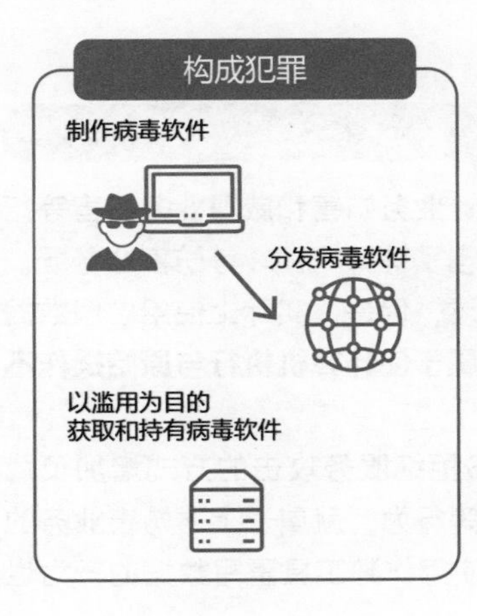

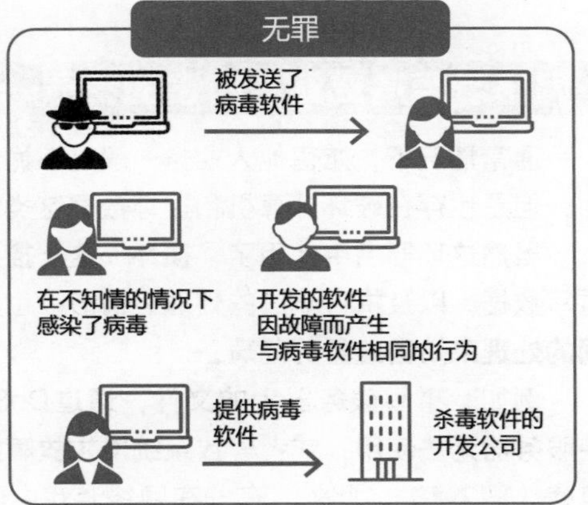

知识点

- 不仅制作病毒软件会被处罚，以滥用为目的，获取和持有病毒软件也会被指控构成病毒软件制作罪。
- 有正当的理由获取和持有病毒软件的行为不构成犯罪。

» 针对计算机的欺诈和业务妨害

非法转账、盗窃虚拟货币等犯罪

普通的欺诈罪属于“欺诈人”的范畴，而**使用电子计算机欺诈罪**则属于**“欺诈计算机等除了人类以外的东西”**的行为，是指针对计算机使用虚假的信息对服务进行非法访问等情形。

举个通俗易懂的例子，这就好比是制作一张假的电话卡来拨打电话。此外，通过网络钓鱼欺诈的方式冒充他人进行非法汇款，以及非法使用信用卡信息获取利润等行为也属于使用电子计算机欺诈罪（图7-17）（禁止未经授权访问法适用于通过网络钓鱼欺诈的方式非法获取ID和密码的行为）。

最近，使用虚拟货币进行非法交易和欺诈的行为也属于该项法律的制裁范围。

网络恐袭造成业务妨害的犯罪

通常情况下，妨害他人业务一般是指诡计业务妨害和威慑业务妨害等行为，但是也存在破坏计算机和损坏数据这类**电子计算机损坏等妨害业务罪**。

虽然这项罪名中使用了“损坏”这一描述，但是，实际上使用虚假数据重写数据，以及执行非法的处理等情形，也属于**使计算机执行与原始操作不同的处理来妨害业务**的范畴。

例如，重写服务器上的文件，通过DoS拒绝服务攻击的方式增加负载使服务器无法使用，或者导致系统发生故障等行为，就属于上述妨害业务的范畴（图7-18）。此外，有些在网络游戏中使用作弊工具重写数据的行为也属于该范畴。

图7-17 使用电子计算机欺诈罪

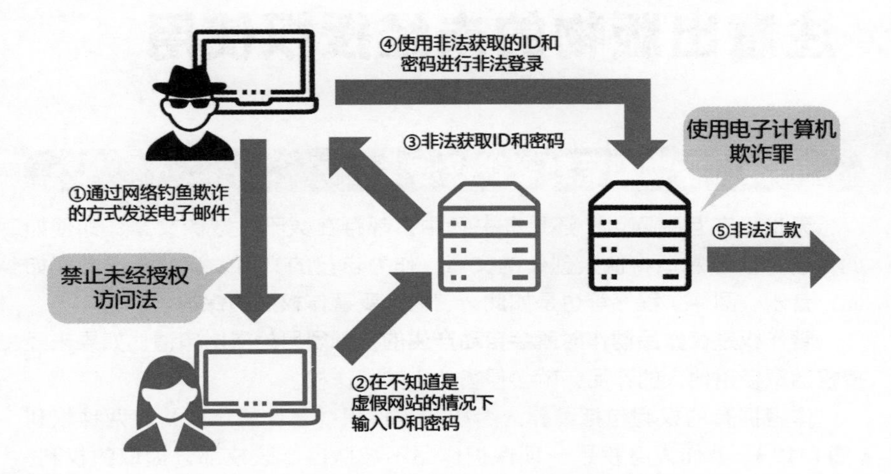

图7-18 符合电子计算机损坏等妨害业务罪的示例

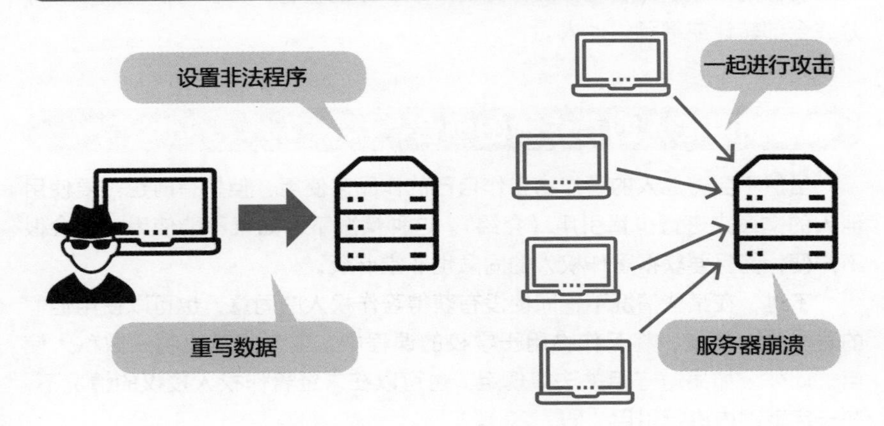

知识点

- ✐使用电子计算机欺诈罪适用于欺诈计算机获取非法收益等情形。
- ✐电子计算机损坏等妨害业务罪适用于使计算机执行与原始操作不同的处理等情形。

» 注意出版物的未经授权使用

所有的出版物都受到著作权法保护

无论是在互联网上，还是在书籍中，都存在数不胜数的文章，即便如此，也不能随意地将他人创作的文章，作为自己的文章发表。不仅文章如此，音乐、图像、程序等也是如此，它们都受著作权法的保护。

著作权是在**作品创作时就会自动产生**的，无须另外提出申请。如果未经授权随意使用他人的作品，就会侵害他人的著作权。

作者拥有的权利包括**著作人身权**和**著作权（著作财产权）**这两种权利（图7-19）。著作人身权是一项保护作品不被擅自修改或部分提取的权利，是只有作者才能拥有的权利。

著作财产权是作者将作品作为财产以谋生的权利，作者可以将其中一部分或全部转让或继承给他人。

希望使用他人的著作物的场合

虽然不会将他人的著作物当作自己的作品来使用，但是有时也需要使用他人的文章来进行少量引用（介绍）。这种情况下，如果不能使用，就会很不方便，而且要获得著作权人的同意也非常麻烦。

不过，在某些情况下，即使没有获得著作权人的同意，也可以使用他们的著作物。例如，将著作物用于学校的课程中，或者将其复制只做私人使用。此外，如果遵守相关法律规定，也可以在未经著作权人授权的情况下，在一定范围内进行引用（图7-20）。

为了便于重复利用，某些著作物会采用**知识共享**的方式供大家使用。如果是知识共享，作者就可以指定作品中允许修改和用于商业用途的内容。我们便可以在允许范围内自由地使用该著作物。

图7-19 知识产权的分类

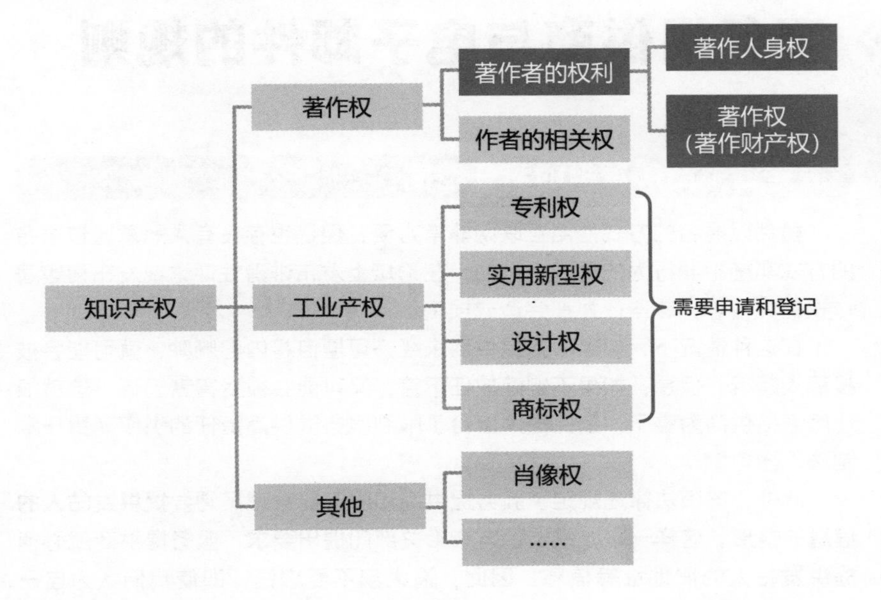

图7-20 引用规则

存在引用的必要性

不能引用与正文无关的内容

引用的是部分内容

正文不能大部分由引用内容构成

不能擅自修改

不能擅自修改错字和漏字

引用部分要明确进行区分

· 不能让使用者无法判断引用的部分
· 例如，使用括号、分隔段落等

明示引用版权作品的出处

· 不能不标明引用的出处
· 例如，如果是书籍就需要注明作者、书名、出版社名称等
· 例如，如果是网页则需要注明站点名称和URL等

知识点

- 著作权在创作时自动产生，无须提交申请或进行登记。
- 即便是他人的作品，只要我们遵守引用规则，在未经著作权人授权的情况下也可以使用。

服务提供商与电子邮件的规则

服务提供商所承担的责任范围

虽然以匿名的方式使用互联网非常方便，但是也存在有人恶意通过匿名的方式实施犯罪行为的情况。例如，在论坛上发布诽谤性评论或发布侵害著作权的内容等，这些行为都会造成损害。

在这种情况下，如果服务提供商未经许可擅自将内容删除，就可能会被投稿人起诉。但是，如果不删除放任不管，又可能会被受害者起诉。这就很让服务提供商为难了，因此国家出台了限制服务提供商责任的**供应商责任限制法**（图7-21）。

此外，该项法律还规定了服务提供商和服务器管理员需要**提供发帖人的信息**的情形。这样一来，只要警方或相关部门提出要求，服务提供商就必须提供发帖人的IP地址等信息。因此，请大家不要忘记，即使我们认为自己是在以匿名的方式使用网络，如果实施了犯罪行为，警察也是可以找到具体个人的。

垃圾电子邮件防止法的实施效果

使用电子邮件，就可以通过不花钱的方式发送大量邮件，也可以用随机生成的电子邮件地址来发送邮件，因此那些单方面发送广告邮件的“垃圾电子邮件”一时之间成了社会问题。

为此，日本政府出台了合理发送特定电子邮件的法律——**垃圾电子邮件防止法**。在2008年修订该项法律时，规定了如果要发送广告邮件，原则上**需要事先获得收件人的同意（Opt-in）**（图7-22）。此外，发送广告邮件时，必须在正文中注明发件人的名称、联系方式、拒绝接收的方式等内容。

虽然法律方面的措施得到了推进，垃圾邮件过滤器等技术也在进步，但是目前还无法完全清除这类垃圾邮件。

图7-21 供应商责任限制法对服务提供商的免责

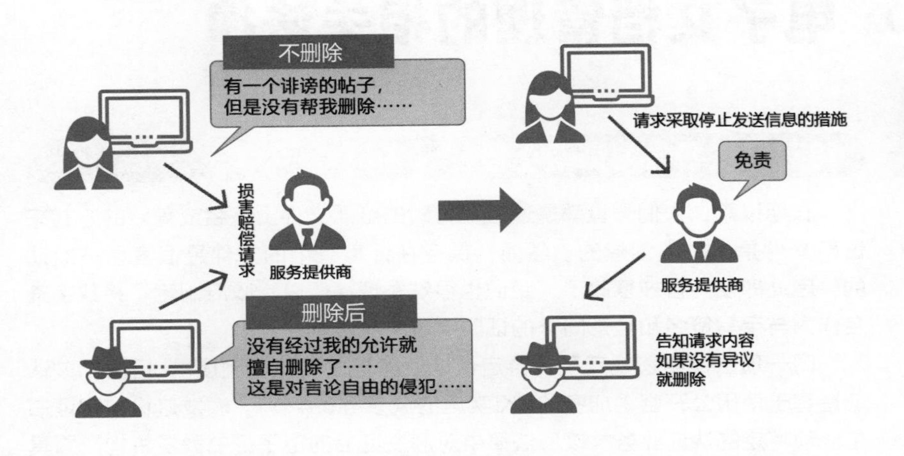

图7-22 垃圾电子邮件防止法的修改

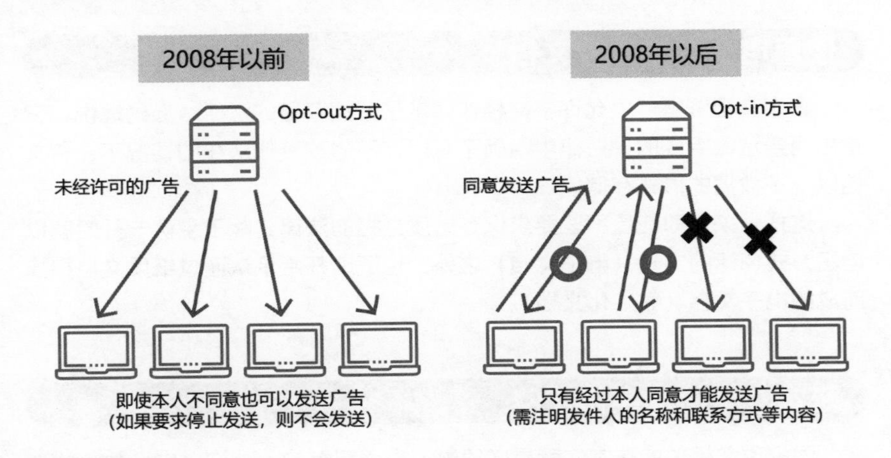

知识点

- 供应商责任限制法不仅限制了服务提供商的责任，而且只要警方提出要求就可以通过服务提供商找到发帖人。
- 虽然国家制定和修改了特定电子邮件法以预防垃圾电子邮件，但是目前还无法完全清除此类邮件。

» 电子文档管理的相关法律

将数字签名作为证明手段

长期以来，人们一直都是通过在打印的纸质文件上签名或盖章的方式来证明文件是由本人创建的。然而，保存在计算机中的文件是很容易被改动的，因此即使内容被篡改了，我们也很难发现。所以，政府制定了将数字签名作为与手写签名和盖章同样的证明手段的**数字签名法**。

同一项法律中还规定了“特定认证业务相关的认证制度”。目前，该认证是基于使用公开密钥加密的PKI实施的（参考5-4节）。颁发这份数字证书是一项特定的认证业务，该项法律中对颁发证书的**电子证书颁发机构**所需具备的技术和设备的标准进行了定义（**图7-23**）。

使用电子数据保存文档

数字文档法是一项允许将文档作为电子数据存储的法律。准确地说，它是由两条法律组成的，法律中明确了可以在不修改其他法律的情况下，将文档以电子数据的形式存储。

这样一来，即使是那些要求保存纸质文档的法律，除了承认一开始就以电子方式创建的文档（电子文档）之外，也逐渐开始承认通过纸质文档扫描而成的电子文档（数字化文档）。

账本文献的数字化存储

国家税务相关的账本文献是必须进行妥善保存的，允许以电子数据的形式存储账本文献的法律被称为**数字账本保存法**。但是，仅仅只是将纸质账本扫描成数字文档是不被法律承认的，还需要同时**加上时间戳**。

此外，日本在2015年通过的修订法中，取消了扫描后的数字化收据的金额上限。因此，选择通过扫描保存财务数据的企业也越来越多（**图7-24**）。

图7-23　数字签名法对特定认证业务的认证

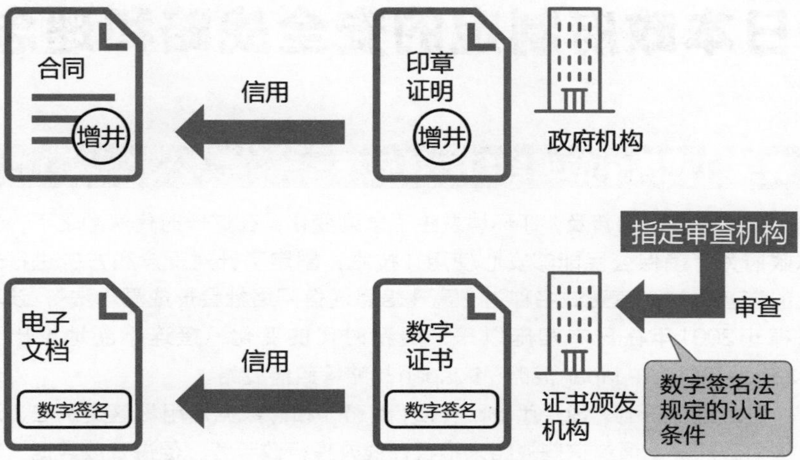

合同
增井
信用
印章
证明
增井
政府机构
指定审查机构
审查
电子
文档
数字签名
信用
数字
证书
数字签名
证书颁发
机构
数字签名法
规定的认证
条件

图7-24　基于数字账本保存法批准扫描保存件数的变化情况

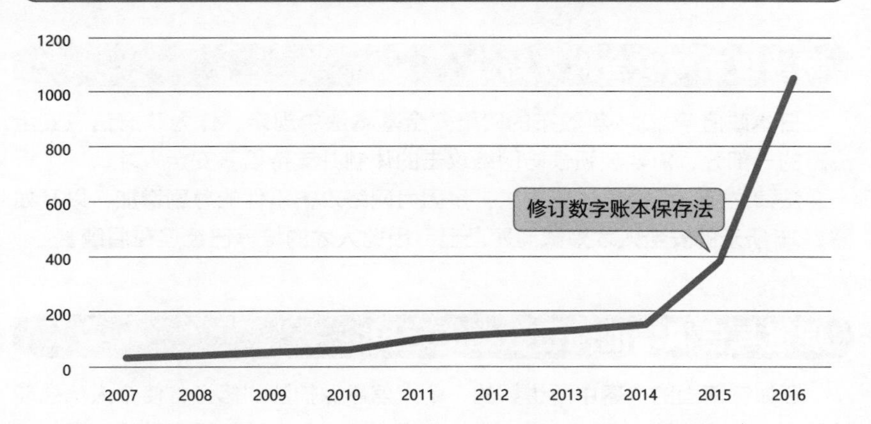

知识点

- 数字签名法中对证书颁发机构需要具备的技术和设备的标准进行了定义。
- 数字账本保存法是一项承认将国税相关的账本和票据以数字化形式保存的法律。
- 修订后的数字文档法，也是一项承认将各个领域的文件以电子数据形式保存的法律，但是在保存的要求上与数字账本保存法有所不同。

» 日本政府制定的安全战略和理念

有关IT运用中的理念和方针政策

随着互联网的普及，IT环境发生了急剧变化。在这一时代浪潮之下，日本政府为了确保公民能够安心使用IT技术，制定了针对理念和方针进行规定的**IT基本法**。其正式名称为“高速信息通信网络社会形成基本法”，该项法律于2001年在日本实施以来，随着时代的变化，接连不断地推出了e-Japan战略、u-Japan战略、i-Japan战略等政府战略。

最近经常听到“Smart Japan ICT战略”和“数据活用”这类说法。这是因为政府计划通过这些战略来推行在线办理行政手续、促进开放数据、制定数据使用规则等方面的政策。

网络攻击与安全人才短缺

日本政府于2014年颁布的**网络安全基本法**中规定，作为政府信息安全战略的一部分，需要加强预防网络攻击的体制并支持培养安全人才。

法律之所以会提出这些要求，是因为网络攻击事件的急剧增加，以及如**图7-25**所示的**安全人才短缺**问题凸显，因此人才的培养已经迫在眉睫。

促进与日俱增的海量数据的运用

正如在前面的内容中所讲解的，个人信息保护法的修订，使个人信息能够以匿名的方式被安全地使用。此外，网络安全基本法加强了数据流通的安全性。

另外，日本政府部门还在讨论，如何将急速增长的数据用于人工智能和物联网，以应对快速下降的出生率和人口老龄化问题。为了灵活地运用官民管理和使用的数据，日本政府于2016年颁布了**官民数据运用推进基本法**（**图7-26**）。

图7-25 安全人才的短缺

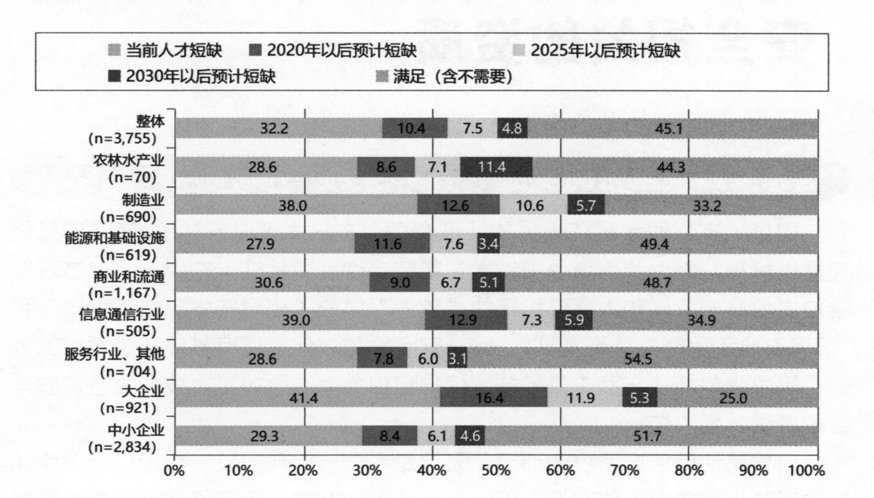

来源：日本总务省《物联网时代ICT经济的各种问题相关的调查和研究》。

图7-26 法律在数据流通和运用中的定位

网络安全基本法
加强数据通信中的网络安全（2014年制定）

数据流通的扩大
促进人工智能和物联网相关技术的开发和应用

个人信息保护法
为了能够安全地流通个人数据，建立将个人信息加工成匿名处理信息，并以安全的形式自由运用的制度（2015年修订）

③
原则上通过IT提高效率等
生成、流通、共享、应用的数据量飞速增长

官民数据运用推进基本法

来源：日本总务省《2017年版信息通信白皮书》。

知识点

- 日本政府预计未来将会出现安全人才短缺的情况，因此希望能够通过实施网络安全基本法来促进相关人才的培养。
- 日本政府正在通过建立个人信息保护法、网络安全基本法、官民数据运用推进基本法的方式来强化安全保障和灵活运用个人信息。

》安全相关的资质

信息系统使用方的资质

如果大家想要获得IT相关的认证资质，在日本可以参加由IPA（信息处理推进机构）提供的**信息处理技术工程师考试**（编辑注：在中国，读者可以参加由信息产业部和人事部组织的“软考”中的“信息技术支持工程师”和“信息安全工程师”认证考试）。除了安全领域之外，还有其他各个领域的考试，其中就包括认定员工具备持续保护组织免受威胁的基本技能的**信息安全管理考试（图7-27）**。

只要是使用信息系统的部门，无论是哪个行业或职位，都可以通过参加这项考试来掌握必备的知识。因此，这项考试非常适合在确保信息安全的情况下，需要实现、维护和改善信息系统的相关人员参加。

成为信息安全专家的相关资质

日本在2016年修订的促进信息处理的相关法律中，对**信息处理安全保障协助员**（注册信息安全专家）这种国家认可的资质作出了规定。

这项考试专门用于认定相关人员不仅具备安全相关专业知识和技能，还具备支持安全信息系统的规划、设计、开发和运用的能力，以及具备对安全对策进行调查、分析和评估并根据结果提供指导和建议的资格**（图7-28）**。

通过考试后进行注册，就可以成为信息处理安全保障协助员，并且可以将徽标打印在名片上。此外，由于注册人员的信息是对外公开的，虽然通过这种方式可以体现自己具备相关技能，但是同样也需要履行“禁止失信行为”“保密”和“参加培训”的义务。

国际性安全资质

CISSP（Certified Information Systems Security Professional，信息系统安全专业认证）是国际公认的信息安全资质。它要求参加考试的人员具备信息安全领域的实际工作经验。而且拥有资质的人员还需要持续地进行安全学习以保持资质，并且需要通过累积“CPE积分”的方式来证明。

图7-27 信息处理工程师考试的种类与定位

ITSS	信息技术工程师考试									信息处理安全保障协助员考试
对象	使用IT的人员	信息处理工程师								注册信息安全专家
等级7										
等级6										
等级5										
等级4		IT战略家测试	系统架构师考试	项目经理考试	网络专家考试	数据库专家考试	嵌入式系统专家考试	IT服务经理考试	系统审计技师考试	信息处理安全保障协助员考试
等级3		应用信息技术工程师考试								
等级2	信息安全管理考试	基本信息技术工程师考试								
等级1	IT执照考试									

图7-28 设想信息处理安全保障协助员的业务

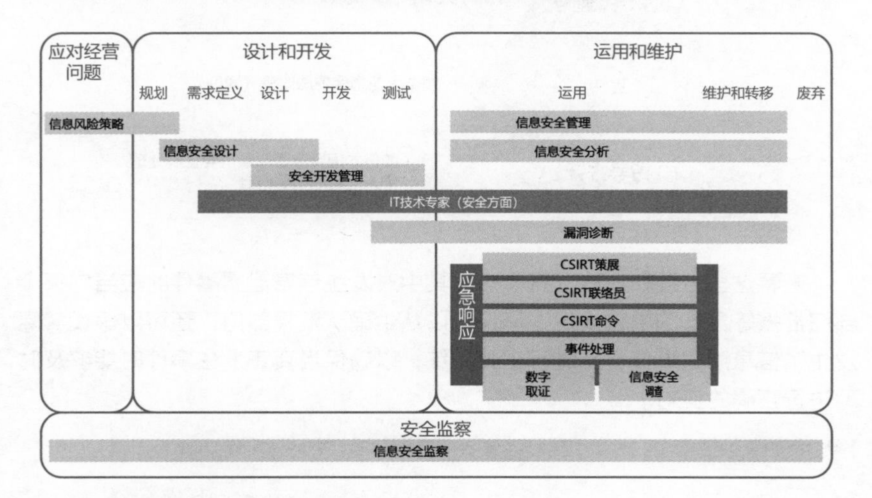

来源：日本信息处理推进机构（IPA）《IT人才的培养》。

知识点

✎ 由IPA实施的安全相关的国家考试中，包括面向使用部门的信息安全管理考试和面向专家的信息处理安全保障协助员的考试。

✎ CISSP是信息安全相关的国际性资质。

开始实践吧

调查与个人信息保护法相关的方针和政策

在个人信息保护法修订之前，各政府部门根据该项法律发布了相关政策。在修订法律之后，才将个人信息保护委员会发布的“通则”，作为普遍适用于所有领域的通用政策使用。

但是，现在也同样存在很多个人信息保护相关的指导方针。可以尝试查看与自己的工作有关联的部门所发布的政策和指导方针。

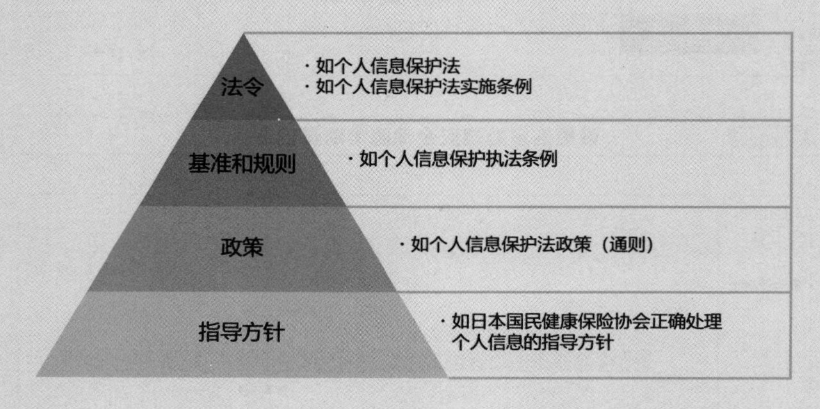

查看这些方针和政策，就会知道其中对发生信息泄露事件时应当向哪个部门汇报等具体的内容规定。不仅可以从中确认汇报部门，还可以假设实际发生了信息泄露事件，并进行相关演练，以确保当真正发生事件时能够及时地进行正确的应对。

来源：日本信息处理推进机构（IPA）根据《发生信息泄露事件时的应对要点集》绘制。